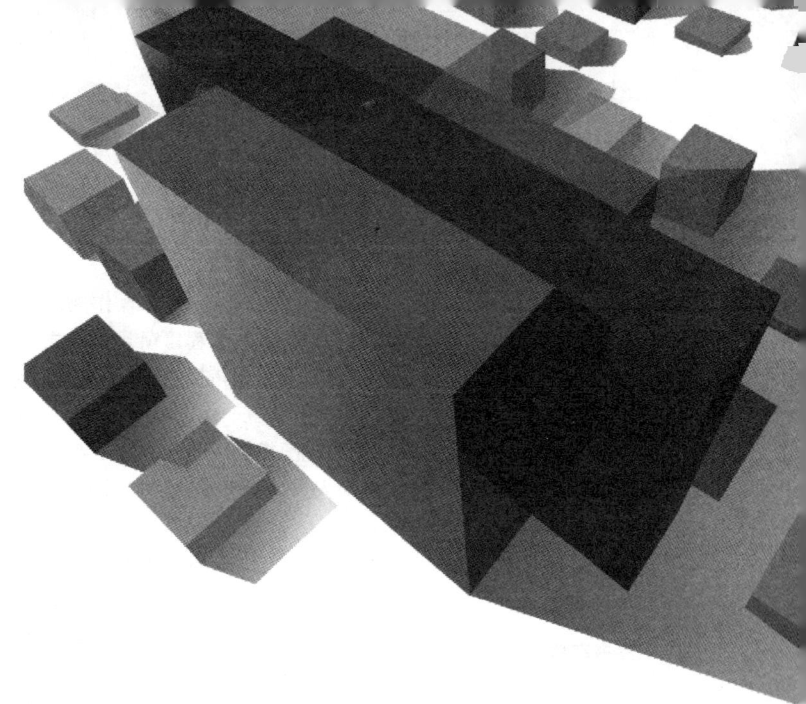

中等职业教育国家级示范学校特色教材

数控铣工

理实一体化实训教程

编 著 禹 诚

参 编 周远成 杜云福 王 雷

華中科技大學出版社
http://www.hustp.com
中国·武汉

内容简介

本教程系统介绍数控铣床的安全操作基础、机床操作规范、数控铣削零件编程基础、数控铣削零件加工工艺、数控铣削零件检测等知识和技能。本教程以项目任务式的编写形式，用【实训任务】→【实训目标】→【学一学】→【练一练】→【任务评价】→【任务拓展】等模块依次递进，将数控铣工应知应会的知识、技能串联起来，通过学练结合达到学做合一。

本教程可作为数控技术应用专业、模具设计及制造专业、机电一体化专业的中等职业教育教材，也可作为从事数控铣床工作的工程技术人员的参考书及培训用书。

图书在版编目(CIP)数据

数控铣工理实一体化实训教程/禹诚编著. —武汉：华中科技大学出版社，2017.12
中等职业教育国家级示范学校特色教材
ISBN 978-7-5680-3560-6

Ⅰ.①数… Ⅱ.①禹… Ⅲ.①数控机床-铣床-中等专业学校-教材 Ⅳ.①TG547

中国版本图书馆 CIP 数据核字(2017)第 312157 号

数控铣工理实一体化实训教程
Shukong Xigong Lishi Yitihua Shixun Jiaocheng

禹 诚 编著

策划编辑：王红梅
责任编辑：余 涛
封面设计：秦 茹
责任校对：祝 菲
责任监印：周治超
出版发行：华中科技大学出版社(中国·武汉) 电话：(027)81321913
武汉市东湖新技术开发区华工科技园 邮编：430223
录 排：武汉市洪山区佳年华文印部
印 刷：武汉华工鑫宏印务有限公司
开 本：787mm×1092mm 1/16
印 张：11
字 数：262 千字
版 次：2017 年 12 月第 1 版第 1 次印刷
定 价：24.80 元

前 言

随着《现代职业教育体系建设规划(2014—2020年)》的颁布，加快发展现代职业教育的步伐越来越坚实。按照习近平总书记对职业教育重要指示中的"知行合一"要求，如何把"知"和"行"统一起来，把理论和实践融合起来，是贯穿职业教育的关键问题。为了有效解决中职学校数控技术应用专业人才培养中的"知行合一"问题，编者在多年的理实一体教学改革实践基础上，秉承好学易做的原则，开发本教程，旨在有效实施数控技术应用专业核心课程《数控铣加工技术》的理实一体教学。

本教程采用任务项目式编写形式，以【实训任务】→【实训目标】→【学一学】→【练一练】→【任务评价】→【任务拓展】等模块依次递进，实施学练结合、学做合一。

本教程以HNC-818数控系统为例，图文并茂，系统介绍数控铣床的安全操作基础，机床操作规范、数控铣削零件编程基础、数控铣削零件加工工艺、数控铣削零件检测等知识和技能。本教程任务融趣味性、实用性、典型性、产品性为一体，由易到难，有效保护初学者的学习兴趣，注重"工匠精神"的培养，最终引导学习者自觉完成数控铣削"精品"零件的加工；本教程学做合一的交互式文本设计便于教学过程的有效控制，引导学习者边学边做，是一本让教师和学生都感觉轻松的手册，真正做到易教好学。

本教材由武汉市第二轻工业学校特级教师禹诚担任主编，武汉市技术能手周远成、杜云福、王雷任副主编。由于时间仓促，编者水平有限，书中不妥之处在所难免，敬请广大读者批评指正。

编 者

2017年6月于武汉

目　录

项目 1

数控铣加工实训须知

实训任务　数控铣加工实训须知

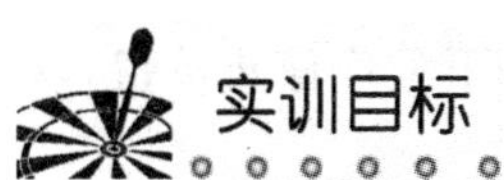

实训目标

(1) 明确数控铣加工实训要求；

(2)了解数控铣床的安全操作规程。

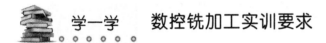

学一学　数控铣加工实训要求

(1) 每天早上在实训车间门口集合点名后，由实习指导教师讲解当天的实习内容、实习中应注意的问题以及与实习有关内容的安全事项。

(2) 上课时间主要在本班所在的实习场地或设备上活动、操作及观摩，严禁擅自到其他班的实习场地活动、打闹或操纵实习设备。

(3) 严禁擅自允许其他班实习学生操纵你负责的设备；否则，由此造成的一切设备或人身事故责任自负。

(4) 自觉履行请假制度。凡需请病、事假，均须持请假条先由班主任签字，再交给实习指导教师确认后有效。

(5) 上课时间实行封闭管理，中途统一休息，不允许上课时间在实训车间外活动。

(6) 严禁在实习场地疯玩、打闹、吸烟、打架。

(7) 爱护公共财物，损坏设备、工量具及辅具等要照价赔偿。

(8) 不服从教师管理，一意孤行，造成的一切后果责任自负。

(9) 对于故意扰乱课堂纪律不听劝告及严重违反操作规程不听指导者，为保证正常的实习教学安全和教学质量，教师可随时停止其实训，并报学生管理科室备案。待学生确实认识到错误性质，并改正后方可恢复实训。

看一看　数控铣床安全操作规程

（1）进入数控铣削实训场地后，应服从安排，不得擅自启动或操作铣床数控系统。

（2）按规定穿、戴好劳动保护用品。

（3）不能穿高跟鞋、拖鞋上岗，不允许戴手套和围巾进行操作。

（4）开机床前，应该仔细检查铣床各部分机构是否完好，各传动手柄、变速手柄的位置是否正确，还应按要求认真对数控机床进行润滑保养。

（5）操作数控系统面板时，对各按键及开关的操作不得用力过猛，更不允许用扳手或其他工具进行操作。

（6）完成程序输入及对刀后，要做模拟试验，以防止正式操作时发生撞坏刀具、工件或设备等事故。

（7）在数控铣削加工过程中，因观察加工过程的时间多于操作时间，所以一定要选择好操作者的观察位置，不允许随意离开实训岗位，以确保安全。

（8）操作数控系统面板及操作数控机床时，严禁两人同时操作。

（9）自动运行加工时，操作者应集中思想，左手手指应放在程序停止按钮上，眼睛观察刀尖运动情况，右手控制修调开关，控制机床运行速率，发现问题及时按下程序停止按钮，以确保刀具和数控机床的安全，防止各类事故发生。

（10）实训结束时，除了按规定保养数控铣床外，还应认真做好交接班工作，必要时应做好文字记录。

想一想　数控铣削加工注意事项（学生思考）

（1）我承诺，在每次数控铣加工实训时一定要做到的事情如下：

①____。

②____。

③____。

④____。

⑤____。

承诺人签名：____________

（2）请写出数控铣加工实训时严禁发生的行为。

①____。

②____。

③____。

④____。

⑤____。

（3）请写出你身边工作服装规范及不规范的同学名单。

工作服装规范的同学有：________________________________等。

工作服装不规范的同学有：______________________________等。

任务评价

实训素养评价表(共 50 分)

<table>
<tr><td>姓名</td><td></td><td>班级</td><td></td><td>实训时间</td><td></td></tr>
<tr><td>序号</td><td>评价指标</td><td>自我评价</td><td>教师判定</td><td colspan="2">教师评分</td></tr>
<tr><td>1</td><td>迟到(5 分)</td><td>□是 □否</td><td>□真实 □不真实</td><td colspan="2">□优秀 □−3 分 □−5 分</td></tr>
<tr><td>2</td><td>早退(5 分)</td><td>□是 □否</td><td>□真实 □不真实</td><td colspan="2">□优秀 □−3 分 □−5 分</td></tr>
<tr><td>3</td><td>事假(3 分)</td><td>□是 □否</td><td>□真实 □不真实</td><td colspan="2">□优秀 □−1 分 □−3 分</td></tr>
<tr><td>4</td><td>病假(3 分)</td><td>□是 □否</td><td>□真实 □不真实</td><td colspan="2">□优秀 □−1 分 □−3 分</td></tr>
<tr><td>5</td><td>旷课(9 分)</td><td>□是 □否</td><td>□真实 □不真实</td><td colspan="2">□优秀 □−9 分</td></tr>
<tr><td>6</td><td>语言举止文明(5 分)</td><td>□是 □否</td><td>□真实 □不真实</td><td colspan="2">□优秀 □−3 分 □−5 分</td></tr>
<tr><td>7</td><td>玩手机等电子产品(5 分)</td><td>□是 □否</td><td>□真实 □不真实</td><td colspan="2">□优秀 □−3 分 □−5 分</td></tr>
<tr><td>8</td><td>服从管理(5 分)</td><td>□是 □否</td><td>□真实 □不真实</td><td colspan="2">□优秀 □−3 分 □−5 分</td></tr>
<tr><td>9</td><td>工作装规范(5 分)</td><td>□是 □否</td><td>□真实 □不真实</td><td colspan="2">□优秀 □−3 分 □−5 分</td></tr>
<tr><td>10</td><td>完成作业(5 分)</td><td>□是 □否</td><td>□真实 □不真实</td><td colspan="2">□优秀 □−3 分 □−5 分</td></tr>
<tr><td colspan="2">实训素养得分</td><td></td><td>教师签名</td><td colspan="2"></td></tr>
</table>

任务拓展

编写本班“五言体”实训公约。

____。

____。

____。

____。

项目 2

数控铣床认识

实训任务　数控铣床认识

实训目标

(1) 了解数控铣床型号的含义；
(2) 认识数控铣床组成部件；
(3) 认识数控铣床控制面板。

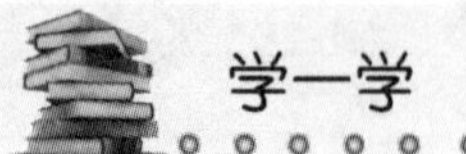

学一学　数控铣床型号及含义

数控铣床型号及含义如表 2.1 所示。

表 2.1　数控铣床型号及含义

XK714		
位　置	代　号	含　义
第 1 位	X	铣床(类代号)
第 2 位	K	数控代号
第 3 位	7	组别(床身铣床)
第 4 位	1	类别
第 5 位	4	工作台台面宽度 400 mm

看一看　认识数控铣床组成部件

数控铣床的组成如图 2.1 所示,数控铣床各部件的功能如表 2.2 所示。

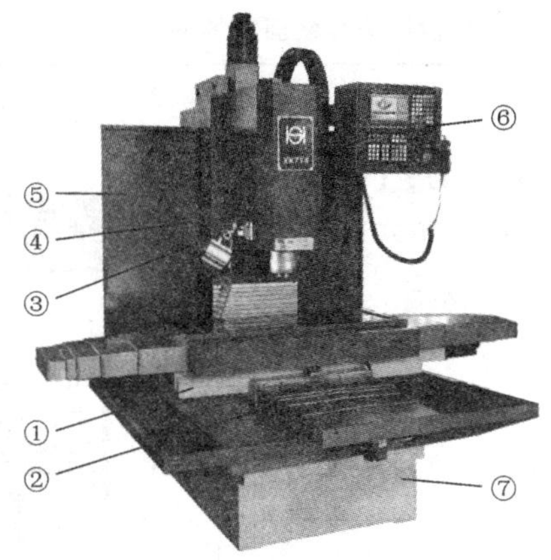

图 2.1 数控铣床的组成

表 2.2 数控铣床的组成及功能

序号	名　　称	功　　能
①	*X* 向导轨	引导工作台在水平纵向左右运动
②	*Y* 向导轨	引导工作台在水平横向前后运动
③	*Z* 向导轨	引导安装了刀具的主轴在竖直方向上下运动
④	主轴	安装刀具
⑤	电气控制柜	用于安装控制机床强电的各种电气元件
⑥	数控装置	接收输入装置的信号，经过编译、插补运算和逻辑处理后，输出信号和指令到伺服控制系统，从而适时控制机床各部分进行相应的动作
⑦	床身	支撑数控铣床各部件

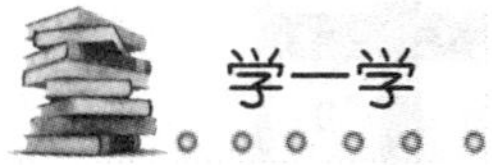

学一学　认识数控铣床控制面板

(1) 数控铣床(HNC-818)控制面板按键如图 2.2 所示，各按键功能如表 2.3 所示。

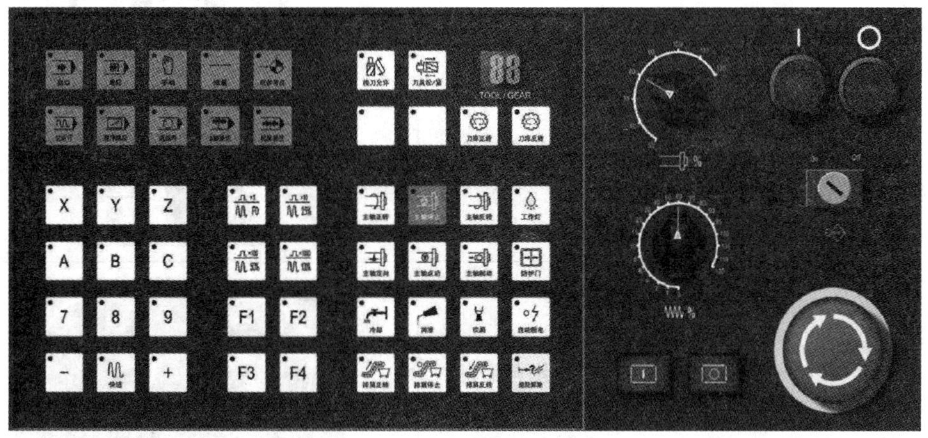

图 2.2 数控铣床控制面板

表 2.3　数控铣床控制面板的各个按键及功能

序号	名　　称	功　　能	面板对应按键区
1	工作方式选择键	包括【自动】、【单段】、【手动】、【增量】【回参考点】工作方式选择键，用于选择机床的工作方式	 自动 单段 手动 增量 回参考点
2	辅助动作手动控制键	包括主轴控制、冷却控制及换刀控制、超程解除键	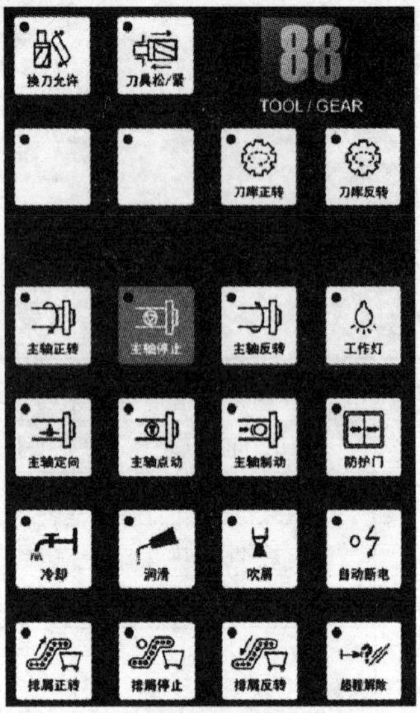 换刀允许 刀具松/紧 TOOL / GEAR 刀库正转 刀库反转 主轴正转 主轴停止 主轴反转 工作灯 主轴定向 主轴点动 主轴制动 防护门 冷却 润滑 吹屑 自动断电 排屑正转 排屑停止 排屑反转 超程解除
3	坐标轴移动手动控制键	包括 X、Y、Z 等轴的手动控制	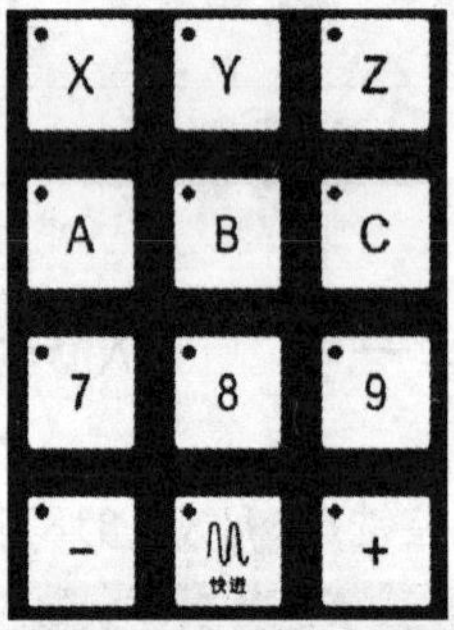 X Y Z A B C 7 8 9 − 快进 +
4	增量倍率选择键	用于【增量】工作方式的倍率选择	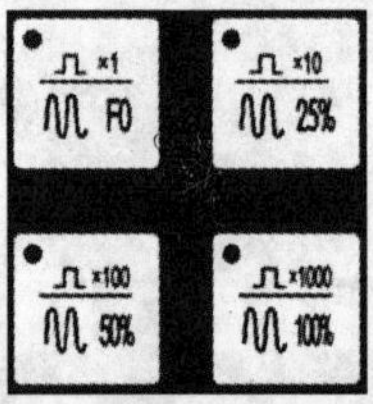 ×1 F0　×10 25% ×100 50%　×1000 100%
5	倍率修调旋钮	包括主轴修调和进给修调旋钮	 % %

续表

序号	名　　称	功　　能	面板对应按键区
6	自动控制键	用于程序运行开始和暂停	
7	其他键	包括空运行和机床锁住等辅助动作按键	空运行　程序跳段　选择停　Z轴锁住　机床锁住

(2) 数控铣床 MDI 键盘如图 2.3 所示，主要按键功能如表 2.4 所示。

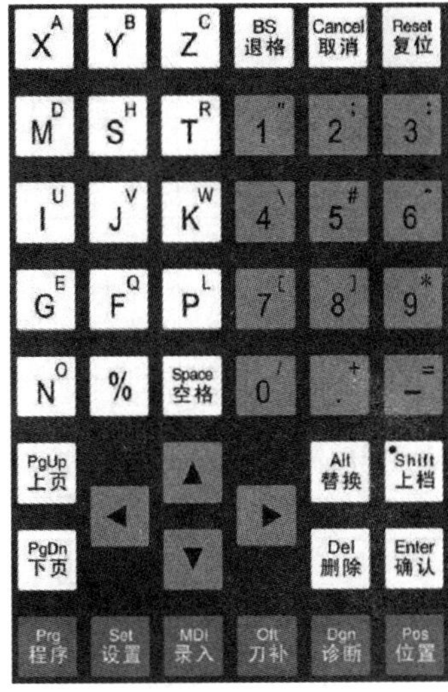

图 2.3　MDI 键盘

表 2.4　MDI 键盘各个按键及功能

序号	按　　键	功　　能	序号	按　　键	功　　能
1	X A	用于字母“X”“A”的输入	5	S H	用于字母“S”“H”的输入
2	Y B	用于字母“Y”“B”的输入	6	T R	用于字母“T”“R”的输入
3	Z C	用于字母“Z”“C”的输入	7	I U	用于字母“I”“U”的输入
4	M D	用于字母“M”“D”的输入	8	J V	用于字母“J”“V”的输入

续表

序号	按　键	功　能	序号	按　键	功　能
9	K W	用于字母“K”“W”的输入	21	8]	用于数字“8”和符号“]”的输入
10	G E	用于字母“G”“E”的输入	22	9 *	用于数字“9”和符号“＊”的输入
11	F Q	用于字母“F”“Q”的输入	23	0 /	用于数字“0”和符号“/”的输入
12	P L	用于字母“P”“L”的输入	24	. +	用于符号“.”“＋”的输入
13	N O	用于字母“N”“O”的输入	25	− =	用于符号“－”“＝”的输入
14	1 "	用于数字“1”和符号“"”的输入	26	BS 退格	退格键
15	2 ;	用于数字“2”和符号“;”的输入	27	Cancel 取消	取消当前的操作
16	3 :	用于数字“3”和符号“:”的输入	28	Reset 复位	回复至初始状态
17	4 \	用于数字“4”和符号“\”的输入	29	Space 空格	空格键
18	5 #	用于数字“5”和符号“#”的输入	30	Alt 替换	Alt 功能键
19	6 ^	用于数字“6”和符号“∧”的输入	31	Shift 上档	上档键
20	7 [	用于数字“7”和符号“[”的输入	32	Del 删除	删除键

续表

序号	按　　键	功　　能	序号	按　　键	功　　能
33	Enter 确认	确认键	38	Set 设置	设置机床相关参数
34	PgUp 上页	向上翻页	39	MDI 录入	切换至 MDI 方式
35	PgDn 下页	向下翻页	40	Oft 刀补	设置刀具补偿参数
36	▲ ◀ ▶ ▼	光标移动方向键	41	Dgn 诊断	机床故障诊断
37	Prg 程序	用于程序新建、读入、编辑	42	Pos 位置	切换机床位置显示方式

画一画

请参照实训车间的数控铣床，补充图 2.4、图 2.5、图 2.6 所示的数控铣床控制面板图。

图 2.4　数控铣床控制面板图(区域一)

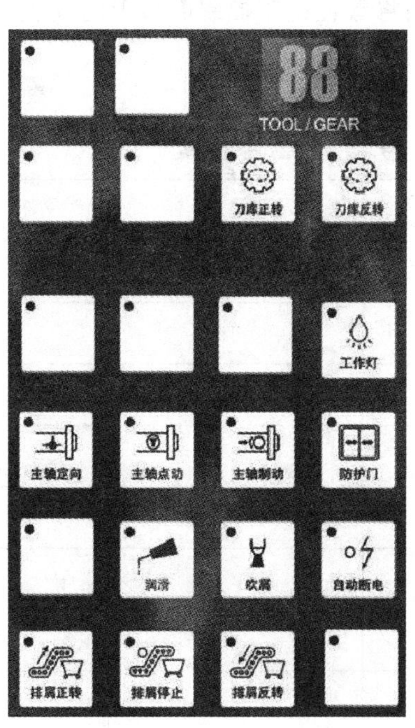

图 2.5　数控铣床控制面板图(区域二)

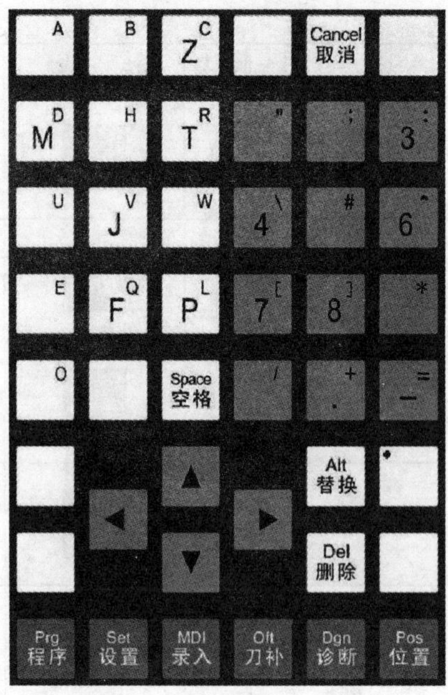

图 2.6　数控铣床输入面板图

请将数控铣床控制面板上的红色按键填写在表 2.5 中，写出其功能，并思考为什么将其设计为红色？

表 2.5　红色按键的功能

序　号	红色按键	功　能

任务评价

实训素养评价表(共 50 分)

姓名			班级		实训时间	
序号	评价指标		自我评价	教师判定	教师评分	
1	迟到(4 分)		□是 □否	□真实 □不真实	□优秀 □-2 分 □-4 分	
2	早退(4 分)		□是 □否	□真实 □不真实	□优秀 □-2 分 □-4 分	
3	事假(3 分)		□是 □否	□真实 □不真实	□优秀 □-1 分 □-3 分	
4	病假(3 分)		□是 □否	□真实 □不真实	□优秀 □-1 分 □-3 分	
5	旷课(4 分)		□是 □否	□真实 □不真实	□优秀 □-4 分	
6	语言举止文明(3 分)		□是 □否	□真实 □不真实	□优秀 □-1 分 □-3 分	
7	玩手机等电子产品(4 分)		□是 □否	□真实 □不真实	□优秀 □-2 分 □-4 分	
8	服从管理(4 分)		□是 □否	□真实 □不真实	□优秀 □-2 分 □-4 分	
9	工作装规范(4 分)		□是 □否	□真实 □不真实	□优秀 □-2 分 □-4 分	
10	工、量具摆放整齐(4 分)		□是 □否	□真实 □不真实	□优秀 □-2 分 □-4 分	
11	设备保养(4 分)		□是 □否	□真实 □不真实	□优秀 □-2 分 □-4 分	
12	打扫卫生(4 分)		□是 □否	□真实 □不真实	□优秀 □-2 分 □-4 分	
13	完成作业(5 分)		□是 □否	□真实 □不真实	□优秀 □-3 分 □-5 分	
实训素养得分				教师签名		

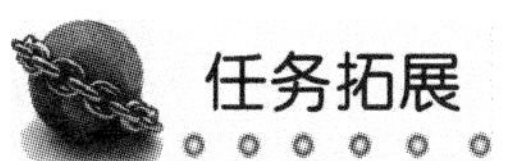

任务拓展

1. 数控铣床日常维护要求

(1) 每天做好各导轨面的清洁、润滑,有自动润滑系统的机床要定期检查、清洗自动润滑系统,检查油量,及时添加润滑油,检查油泵是否定时启动打油及停止。

(2) 每天检查主轴箱自动润滑系统工作是否正常,定期更换主轴箱润滑油。

(3) 注意检查电器柜中的冷却风扇是否工作正常,风道过滤网有无堵塞,清洗黏附的尘土。

(4) 注意检查冷却系统,检查液面高度,及时添加油或水,油、水脏时要更换。

(5) 注意检查主轴驱动皮带,调整松紧程度。

(6) 注意检查导轨镶条松紧程度,调节间隙。

(7) 注意检查机床液压系统油箱、油泵有无异常噪声,工作油面高度是否合适,压力表指示是否正常,管路及各接头有无泄露。

(8) 注意检查导轨、机床防护罩是否齐全有效。

(9) 注意检查各运动部件的机械精度,减少形状和位置偏差。

(10) 每天下班前做好机床清洁卫生,清扫铁屑,擦净导轨部位,防止导轨生锈。

2. 清洁维护

实训结束后,请在教师的指导下对数控铣床进行清洁维护,并将所做工作填写在表2.6中。

表 2.6 清洁维护

序号	数控铣床清洁维护点	清洁工具	清洁程度

项目 3

数控铣床手动操作

实训任务　数控车床手动操作

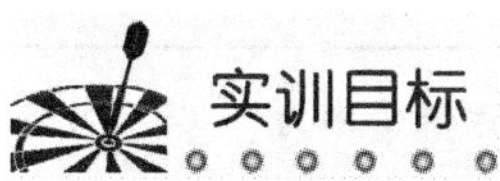

实训目标

(1) 数控铣床开机操作；
(2) 数控铣床手动操作；
(3) 数控铣床手脉操作。

学一学　手动操作机床

(1) 数控铣床的开机操作步骤如图 3.1 所示。
(2) 数控铣床的手动操作步骤如图 3.2 所示。

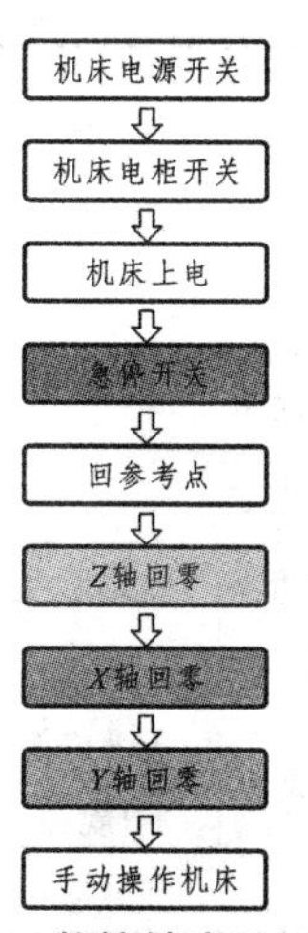

图 3.1　数控铣床开机步骤

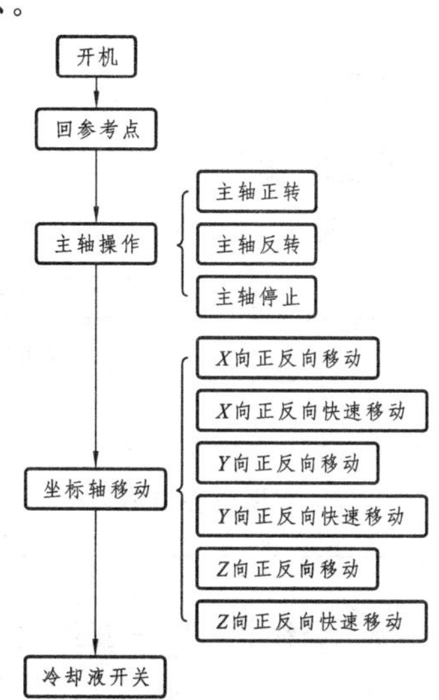

图 3.2　数控铣床手动操作步骤

练一练　操作机床

1. 数控铣床手脉操作

数控铣床手脉操作使用的手摇脉冲发生器如图 3.3 所示，用手脉操作完成表 3.1 设定条件的操作。

图 3.3　手摇脉冲发生器

表 3.1　手脉操作内容

手脉倍率 / 移动距离	手脉倍率为×1	手脉倍率为×10	手脉倍率为×100
X 轴正向移动 1 mm	□完成　□未完成		
X 轴正向移动 5 mm		□完成　□未完成	
X 轴负向移动 10 mm			□完成　□未完成
Y 轴正向移动 1 mm	□完成　□未完成		
Y 轴正向移动 5 mm		□完成　□未完成	
Y 轴负向移动 10 mm			□完成　□未完成
Z 轴负向移动 1 mm	□完成　□未完成		
Z 轴负向移动 5 mm		□完成　□未完成	
Z 轴负向移动 10 mm			□完成　□未完成

2. 数控铣床主轴操作

按表 3.2 所示的要求完成数控铣床主轴操作。

表 3.2　数控铣床主轴操作

实训学生姓名		班级		实训时间	
互助学生姓名				教师姓名	
序号	实训任务描述		互助学生记录	互助学生评价	自我评价
1	请实训学生完成数控铣床主轴正转操作		□完成 □未完成	【操作】 □规范 □不规范	【操作】 □规范 □不规范

续表

实训学生姓名			班级		实训时间	
互助学生姓名					教师姓名	
序号	实训任务描述				互助学生记录	互助学生评价	自我评价
2	请实训学生读出数控铣床主轴正转的转速				转速：____	【读数】 □正确 □不正确	【读数】 □正确 □不正确
3	请实训学生完成主轴停主轴反转操作				□完成 □未完成	【操作】 □规范 □不规范	【操作】 □规范 □不规范
4	请实训学生读出数控铣床主轴反转的转速				转速：____	【读数】 □正确 □不正确	【读数】 □正确 □不正确
5	手动回参考点，请记录 Z 轴回参考点的方向及速度				方向：____ 速度：____	【操作】 □规范 □不规范	【操作】 □规范 □不规范
6	手动回参考点，请记录 X 轴回参考点的方向及速度				方向：____ 速度：____	【操作】 □规范 □不规范	【操作】 □规范 □不规范
7	手动回参考点，请记录 Y 轴回参考点的方向及速度				方向：____ 速度：____	【操作】 □规范 □不规范	【操作】 □规范 □不规范
8	手动移动 X 轴，使 X 轴正向超程，记录报警内容，并列出解除超程的步骤				内容：____ 步骤：____	【操作】 □规范 □不规范	【操作】 □规范 □不规范

3. 数控铣床自动运行

(1) 在自动运行方式下，零件程序可以自动执行加工，是零件加工中最常用的使用方式，请绘制程序自动运行的流程图。

(2) 数控铣床在自动运行过程中，为了检查和测量被加工零件，或进行其他操作，可以暂停加工程序，停止主轴转动，关闭冷却液，在恢复工作状态后可以继续执行加工程序，请绘制暂停执行和恢复执行加工程序的操作流程图。

任务评价

实训素养评价表(共 50 分)

姓名		班级		实训时间	
序号	评价指标	自我评价	教师判定	教师评分	
1	迟到(4 分)	□是 □否	□真实 □不真实	□优秀 □－2 分 □－4 分	
2	早退(4 分)	□是 □否	□真实 □不真实	□优秀 □－2 分 □－4 分	
3	事假(3 分)	□是 □否	□真实 □不真实	□优秀 □－1 分	
4	病假(3 分)	□是 □否	□真实 □不真实	□优秀 □－1 分	
5	旷课(4 分)	□是 □否	□真实 □不真实	□优秀 □－4 分	
6	语言举止文明(3 分)	□是 □否	□真实 □不真实	□优秀 □－1 分 □－3 分	
7	玩手机等电子产品(4 分)	□是 □否	□真实 □不真实	□优秀 □－2 分 □－4 分	
8	服从管理(4 分)	□是 □否	□真实 □不真实	□优秀 □－2 分 □－4 分	
9	工作装规范(4 分)	□是 □否	□真实 □不真实	□优秀 □－2 分 □－4 分	
10	工、量具摆放整齐(4 分)	□是 □否	□真实 □不真实	□优秀 □－2 分 □－4 分	
11	设备保养(4 分)	□是 □否	□真实 □不真实	□优秀 □－2 分 □－4 分	
12	打扫卫生(4 分)	□是 □否	□真实 □不真实	□优秀 □－2 分 □－4 分	
13	完成作业(5 分)	□是 □否	□真实 □不真实	□优秀 □－3 分 □－5 分	
实训素养得分			教师签名		

实训技能评价表(50 分)

姓名		班级		实训时间	
序号	评价指标	自我评价或自测尺寸	教师判定或检测尺寸	教师评分	
1	数控铣床开机操作(10 分)	□完成 □未完成	□真实 □不真实	□优秀 □－5 分 □－10 分	
2	数控铣床手动操作(20 分)	□完成 □未完成	□真实 □不真实	□优秀 □－10 分 □－20 分	
3	数控铣床手摇操作(20 分)	□完成 □未完成	□真实 □不真实	□优秀 □－10 分 □－20 分	
实训技能得分			教师签名		

任务拓展

以小组为单位完成下表要求的互助实训任务。

实训学生姓名		班级		实训时间	
互助学生姓名				教师姓名	

序号	实训任务描述	互助学生记录	互助学生评价	自我评价
1	请实训学生将数控铣床进行一次回参考点操作	□完成 □未完成	【操作】 □规范 □不规范	【操作】 □规范 □不规范
2	请实训学生将数控铣床工作模式切换到手动状态，并读出当前机床坐标系的 X、Y、Z 坐标值	X：____ Y：____ Z：____	【读数】 □正确 □不正确	【读数】 □正确 □不正确
3	请实训学生将数控铣床 X、Y、Z 轴移动到机床中间任意安全处停下，并读出当前机床坐标系的 X、Y、Z 坐标值	X：____ Y：____ Z：____	【读数】 □正确 □不正确	【读数】 □正确 □不正确

项目 4

数控铣床常用刀柄、刀具认识

实训任务　数控铣床常用刀柄、刀具认识

实训目标

(1) 了解、认识数控铣床常用刀柄；

(2) 了解数控铣床常用刀柄的结构、组成。

学一学　认识刀柄、刀具

1. 数控铣削用刀柄

数控铣削用刀柄的形式、名称如图 4.1 所示。

2. 数控铣削用刀柄拉钉

拉钉是带螺纹的零件，常固定在各种工具柄的尾端。机床主轴内的拉紧机构借助它把刀柄拉紧在主轴中。数控机床用刀柄有不同的标准，机床刀柄拉紧机构也不统一，故拉钉有多种型号和规格，如图 4.2 所示。

拉钉的选择：应根据数控机床说明书选择；对于机床自带的拉钉，应进行测量后再确定如何使用。

注意：如果拉钉选择不当，装在刀柄上使用时可能会造成事故。

3. 数控铣削类刀具的结构

如图 4.3 所示，数控铣削类刀具结构主要由两部分组成：一是刀具部分（刀头）；二是工具柄部（刀柄）、接杆（接柄）和夹头等装夹工具部分。

注意：通过调节中间连接模块的长度可以调节整个刀具的长度。

(a) 面铣刀刀柄　　(b) 整体钻夹头刀柄

(c) 镗刀刀柄

(d) ER弹簧夹头刀柄　　(e) ER弹簧夹头　　(f) 侧压式立铣刀柄

图 4.1　数控铣床用刀柄

(a) ISO 7388及DIN 69871的A型拉钉　　(b) ISO 7388及DIN 69871的B型拉钉　　(c) MAS BT的拉钉

图 4.2　拉钉的型号和种类

(a) 刀头　　(b) 刀柄　　(c) 接杆

图 4.3　刀具结构

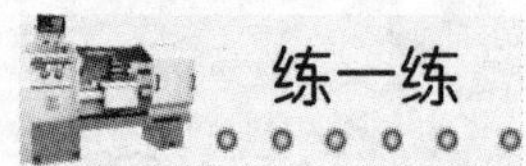

练一练

请根据下图所示的刀柄模型，填写表格。

(1) 请写出下图所示刀具名称及各对应组成部分的名称。

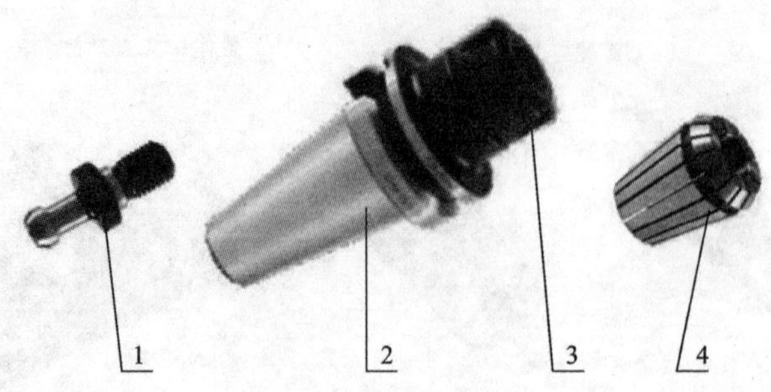

刀 具 名 称	
序号	结构名称
1	
2	
3	
4	

(2) 请写出下图所示刀具名称及各对应组成部分的名称。

刀 具 名 称	
序号	结构名称
1	
2	
3	
4	

(3) 请写出下图所示刀具名称及各对应组成部分的名称。

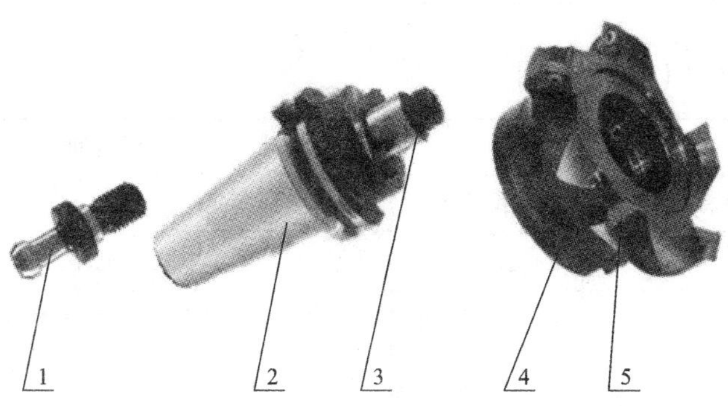

刀 具 名 称	
序号	结构名称
1	
2	
3	
4	
5	

(4) 请写出下图所示刀具名称及各对应组成部分的名称。

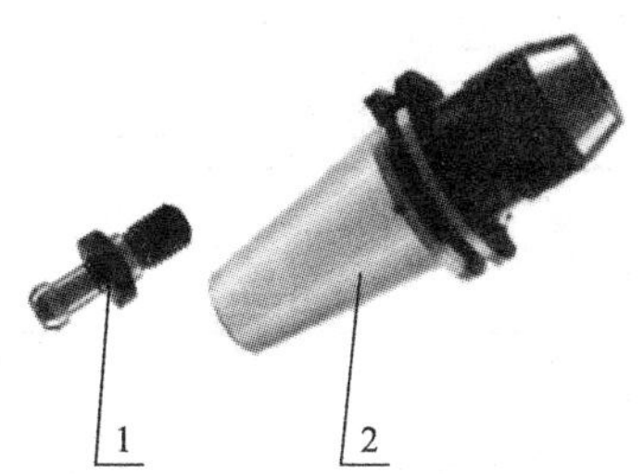

刀 具 名 称	
序号	结构名称
1	
2	

任务评价

实训素养评价表(共 50 分)

姓名		班级		实训时间	
序号	评价指标	自我评价	教师判定	教师评分	
1	迟到(3 分)	□是 □否	□真实 □不真实	□优秀 □−1 分 □−3 分	
2	早退(3 分)	□是 □否	□真实 □不真实	□优秀 □−1 分 □−3 分	
3	事假(3 分)	□是 □否	□真实 □不真实	□优秀 □−1 分	
4	病假(3 分)	□是 □否	□真实 □不真实	□优秀 □−1 分	
5	旷课(3 分)	□是 □否	□真实 □不真实	□优秀 □−3 分	
6	语言举止文明(3 分)	□是 □否	□真实 □不真实	□优秀 □−1 分 □−3 分	
7	玩手机等电子产品(5 分)	□是 □否	□真实 □不真实	□优秀 □−3 分 □−5 分	
8	服从管理(5 分)	□是 □否	□真实 □不真实	□优秀 □−3 分 □−5 分	
9	工作装规范(5 分)	□是 □否	□真实 □不真实	□优秀 □−3 分 □−5 分	
10	工、量具摆放整齐(5 分)	□是 □否	□真实 □不真实	□优秀 □−3 分 □−5 分	
11	设备保养(5 分)	□是 □否	□真实 □不真实	□优秀 □−3 分 □−5 分	
12	打扫卫生(3 分)	□是 □否	□真实 □不真实	□优秀 □−1 分 □−3 分	
13	请人代铣工件(3 分)	□是 □否	□真实 □不真实	□优秀 □−3 分	
14	帮人代铣工件(5 分)	□是 □否	□真实 □不真实	□优秀 □−5 分	
15	完成作业(6 分)	□是 □否	□真实 □不真实	□优秀 □−3 分 □−6 分	
实训素养得分			教师签名		

实训技能评价表(40 分)

姓名		班级		实训时间	
序号	评价指标	自我评价或自测尺寸	教师判定或检测尺寸	教师评分	
1	ER32 刀柄安装操作(10 分)	□完成 □未完成	□真实 □不真实	□优秀 □−5 分 □−10 分	
2	面铣刀安装操作(10 分)	□完成 □未完成	□真实 □不真实	□优秀 □−5 分 □−10 分	
3	钻夹头安装操作(10 分)	□完成 □未完成	□真实 □不真实	□优秀 □−5 分 □−10 分	
4	强力刀柄安装操作(10 分)	□完成 □未完成	□真实 □不真实	□优秀 □−5 分 □−10 分	
实训技能得分			教师签名		

任务拓展

请写出下图所示刀具名称及各对应组成部分的名称。

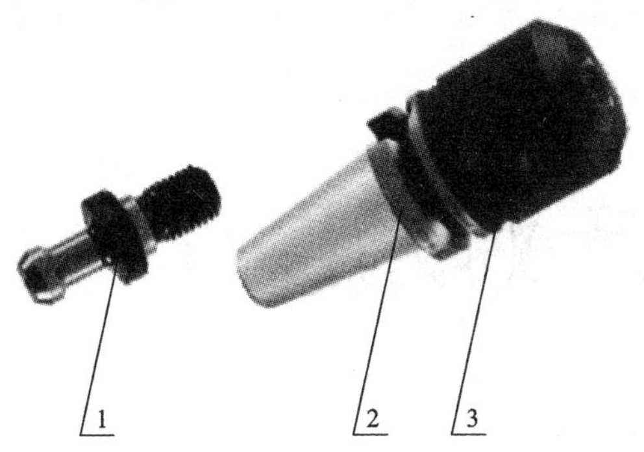

刀 具 名 称	
序号	结构名称
1	
2	
3	

项目 5

数控铣床对刀操作

实训任务　数控铣床对刀操作

实训目标

(1) 掌握数控铣床对刀操作步骤；

(2) 正确对刀，并完成已知程序的零件加工。

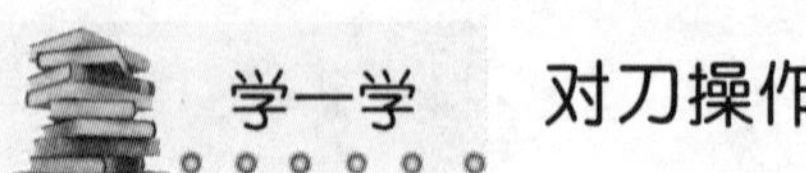

学一学　对刀操作

工件坐标原点在方形毛坯的上顶面对称中心的数控铣床对刀操作步骤，如图 5.1 所示。

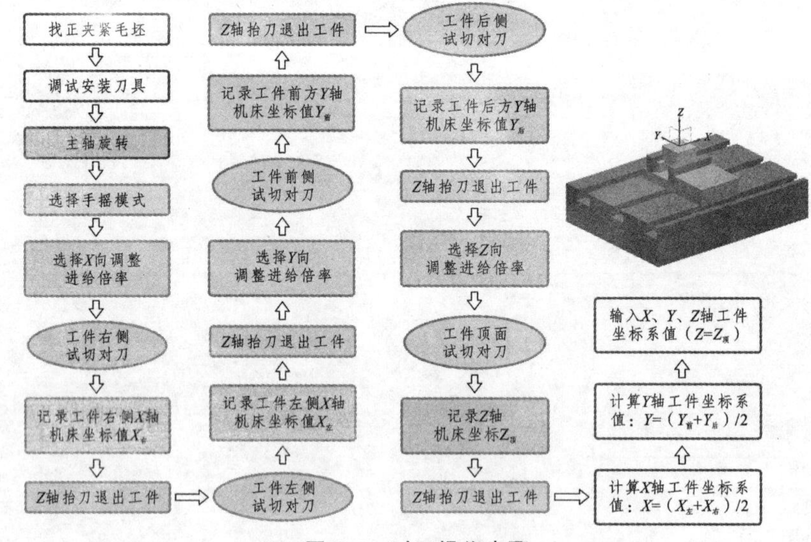

图 5.1　对刀操作步骤

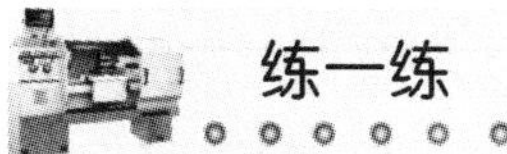

练一练

以小组为单位完成方形毛坯中心对刀的互助实训。

操作一：完成方形毛坯中心 X 轴对刀。

实训学生姓名		班级		实训时间	
互助学生姓名				教师姓名	

序号	实训任务描述	互助学生记录	互助学生评价	自我评价
1	毛坯:50 mm×50 mm×30 mm 毛坯伸出钳口高度:20 mm	□需安装 □已安装	【安装毛坯】 □规范 □不规范	【安装毛坯】 □规范 □不规范
2	刀具直径:ϕ10 mm 刀具伸出长度:50 mm	□需安装 □已安装	【安装刀具】 □规范 □不规范 □已安装	【安装刀具】 □规范 □不规范 □已安装
3	请实训学生在保证安全的情况下，启动主轴，调整好倍率开关，完成 X 轴左侧的试切对刀	X 轴左侧 【是否根据刀具离工件的距离调整移动倍率】 □是□否 【是否正确记录 X 轴左侧机床坐标值】 □是□否	【操作】 □规范 □不规范 【读数】 □正确 □不正确	【操作】 □规范 □不规范 【读数】 □正确 □不正确

续表

实训学生姓名		班级		实训时间	
互助学生姓名				教师姓名	

序号	实训任务描述	互助学生记录	互助学生评价	自我评价
4	请实训学生在保证安全的情况下，启动主轴，调整好倍率开关，完成 X 轴右侧的试切对刀 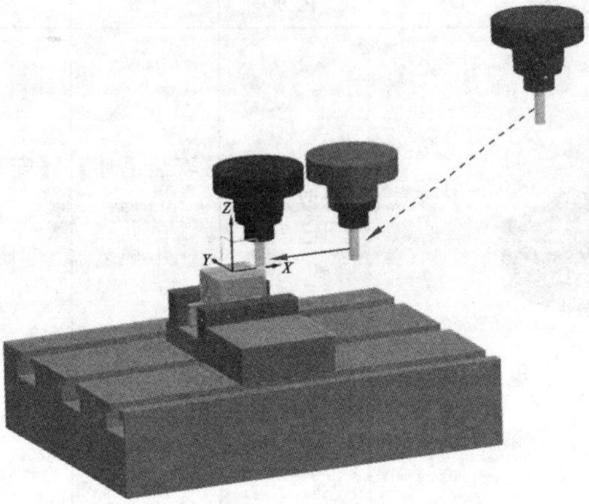	X 轴右侧 【是否根据刀具离工件的距离调整移动倍率】 □是□否 【是否正确记录 X 轴右侧机床坐标值】 □是□否	【操作】 □规范 □不规范 【读数】 □正确 □不正确	【操作】 □规范 □不规范 【读数】 □正确 □不正确
5	请实训学生根据对刀得到的 $X_{左}$、$X_{右}$ 值计算出工件坐标系 X 坐标值，并输入到 G54 坐标系中 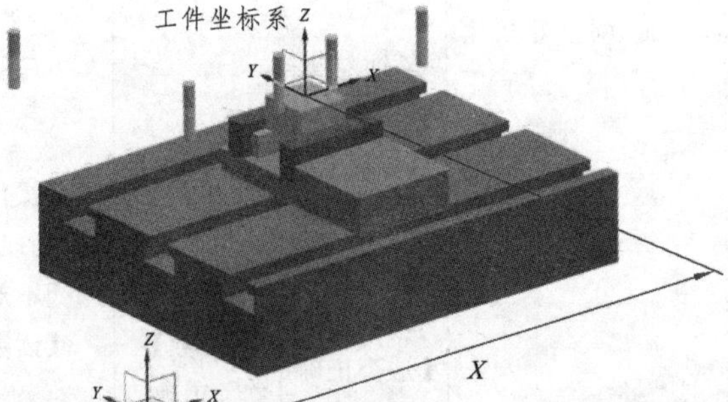	【是否正确计算 G54 坐标系中 X 坐标值】 □是□否 【是否正确输入 G54 坐标系中 X 坐标值】 □是□否	【操作】 □规范 □不规范 【计算】 □正确 □不正确	【操作】 □规范 □不规范 【计算】 □正确 □不正确

操作二：完成方形毛坯中心 Y 轴对刀。

实训学生姓名		班级		实训时间	
互助学生姓名				教师姓名	

序号	实训任务描述	互助学生记录	互助学生评价	自我评价
1	毛坯：50 mm×50 mm×30 mm 毛坯伸出钳口高度：20 mm	□需安装 □已安装	【安装毛坯】 □规范 □不规范	【安装毛坯】 □规范 □不规范
2	刀具直径：ϕ10 mm 刀具伸出长度：50 mm	□需安装 □已安装	【安装刀具】 □规范 □不规范 □已安装	【安装刀具】 □规范 □不规范 □已安装
3	请实训学生在保证安全的情况下，启动主轴，调整好倍率开关，完成 Y 轴前侧的试切对刀	Y 轴前侧 【是否根据刀具离工件的距离调整移动倍率】 □是□否 【是否正确记录 Y 轴前侧机床坐标值】 □是□否	【操作】 □规范 □不规范 【读数】 □正确 □不正确	【操作】 □规范 □不规范 【读数】 □正确 □不正确

续表

实训学生姓名		班级		实训时间	
互助学生姓名				教师姓名	

序号	实训任务描述	互助学生记录	互助学生评价	自我评价
4	请实训学生在保证安全的情况下，启动主轴，调整好倍率开关，完成 Y 轴后侧的试切对刀 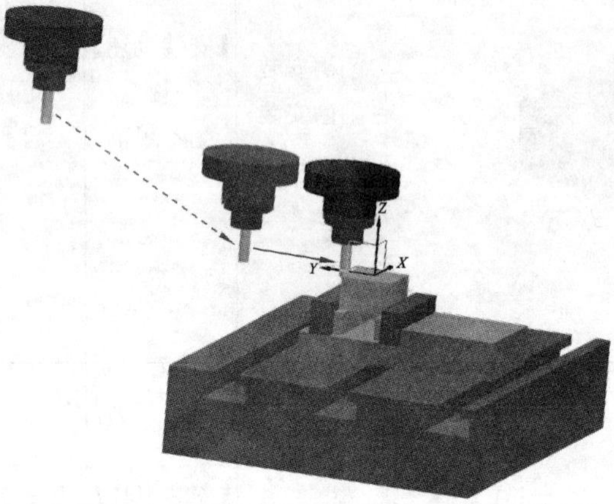	Y 轴后侧 【是否根据刀具离工件的距离调整移动倍率】 □是 □否 【是否正确记录 Y 轴后侧机床坐标值】 □是□否	【操作】 □规范 □不规范 【读数】 □正确 □不正确	【操作】 □规范 □不规范 【读数】 □正确 □不正确
5	请实训学生根据对刀得到的 $Y_{前}$、$Y_{后}$ 值计算出工件坐标系 Y 坐标值，并输入到 G54 坐标系中 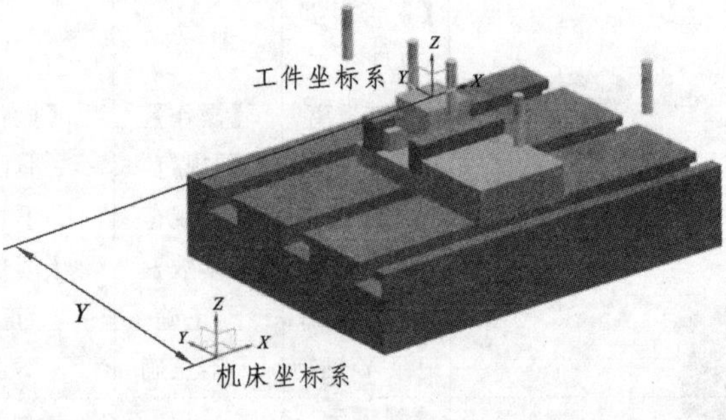	【是否正确计算 G54 坐标系中 Y 坐标值】 □是 □否 【是否正确输入 G54 坐标系中 Y 坐标值】 □是□否	【操作】 □规范 □不规范 【计算】 □正确 □不正确	【操作】 □规范 □不规范 【计算】 □正确 □不正确

操作三：完成方形毛坯中心 Z 轴对刀。

实训学生姓名		班级		实训时间	
互助学生姓名				教师姓名	

序号	实训任务描述	互助学生记录	互助学生评价	自我评价
1	毛坯：50 mm×50 mm×30 mm 毛坯伸出钳口高度：20 mm 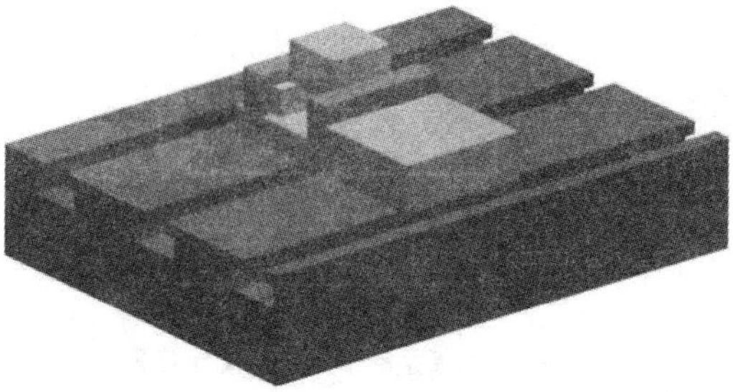	□需安装 □已安装	【安装毛坯】 □规范 □不规范	【安装毛坯】 □规范 □不规范
2	刀具直径：ϕ10 mm 刀具伸出长度：50 mm 	□需安装 □已安装	【安装刀具】 □规范 □不规范 □已安装	【安装刀具】 □规范 □不规范 □已安装
3	请实训学生在保证安全的情况下，启动主轴，调整好倍率开关，完成 Z 轴顶面的试切对刀 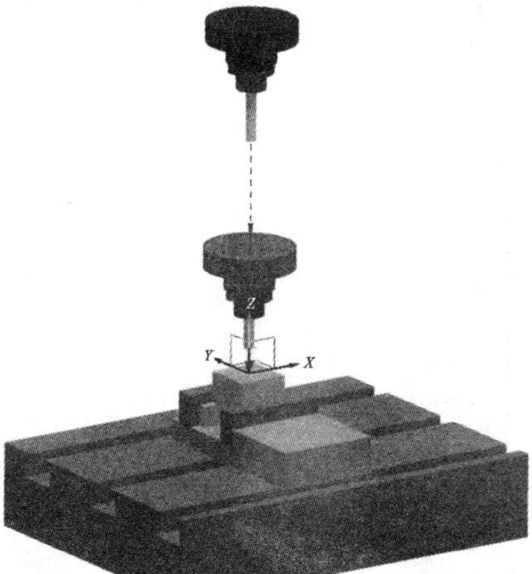	Z 轴顶面 【是否根据刀具离工件的距离调整移动倍率】 □是□否 【是否正确记录 Z 轴顶面机床坐标值】 □是□否	【操作】 □规范 □不规范 【读数】 □正确 □不正确	【操作】 □规范 □不规范 【读数】 □正确 □不正确

续表

<table>
<tr><td colspan="2">实训学生姓名</td><td></td><td>班级</td><td></td><td>实训时间</td><td colspan="2"></td></tr>
<tr><td colspan="2">互助学生姓名</td><td colspan="3"></td><td>教师姓名</td><td colspan="2"></td></tr>
<tr><td>序号</td><td colspan="4">实训任务描述</td><td>互助学生记录</td><td>互助学生评价</td><td>自我评价</td></tr>
<tr><td>4</td><td colspan="4">请实训学生根据对刀得到的 $Z_{顶}$ 坐标值推算出工件坐标系 Z 坐标值，并输入到 G54 坐标系中</td><td>【是否正确计算 G54 坐标系中 Z 坐标值】
□是□否
【是否正确输入 G54 坐标系中 Z 坐标值】
□是□否</td><td>【操作】
□规范
□不规范
【计算】
□正确
□不正确</td><td>【操作】
□规范
□不规范
【计算】
□正确
□不正确</td></tr>
</table>

想一想　数控铣床对刀操作的数学计算

长 50 mm、宽 40 mm、高 30 mm 的方形毛坯在数控铣床上的装夹示意图如图 5.2 所示，设工件坐标原点 O 在毛坯上顶面对称中心。

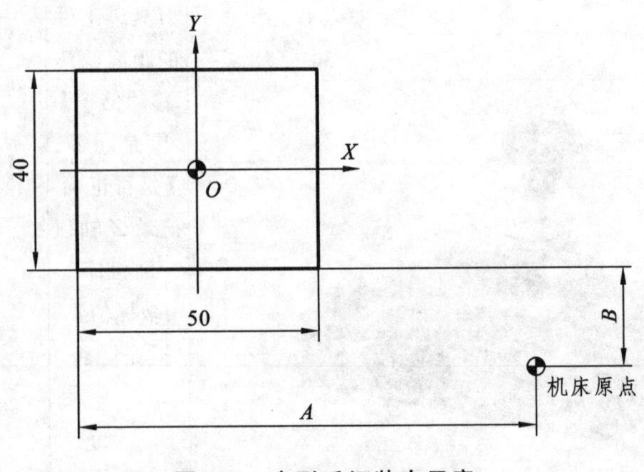

图 5.2　方形毛坯装夹示意

当用直径为 10 mm 的铣刀试切毛坯左侧面，得到的 X 轴机床坐标值为 −278.866；试切毛坯前面，得到的 Y 轴机床坐标值为 −168.985，请问：

(1) 图中 A 的尺寸是(　　)。

A. 268.866　　B. 278.866　　C. 228.866　　D. 273.866

(2) 图中 B 的尺寸是(　　)。

A. −168.985　　B. 168.985　　C. 163.985　　D. −163.985

(3) 工件坐标原点的 X、Y 机床坐标值是(　　)。

A. −228.866，−143.985　　B. 228.866，143.985

C. −253.866，−148.985　　D. 253.866，148.985

任务评价

实训素养评价表(共 50 分)

姓名		班级		实训时间	
序号	评价指标	自我评价	教师判定	教师评分	
1	迟到(3 分)	□是　□否	□真实　□不真实	□优秀　□−1 分　□−3 分	
2	早退(3 分)	□是　□否	□真实　□不真实	□优秀　□−1 分　□−3 分	
3	事假(3 分)	□是　□否	□真实　□不真实	□优秀　□−1 分	
4	病假(3 分)	□是　□否	□真实　□不真实	□优秀　□−1 分	
5	旷课(3 分)	□是　□否	□真实　□不真实	□优秀　□−3 分	
6	语言举止文明(3 分)	□是　□否	□真实　□不真实	□优秀　□−1 分　□−3 分	
7	玩手机等电子产品(3 分)	□是　□否	□真实　□不真实	□优秀　□−1 分　□−3 分	
8	服从管理(3 分)	□是　□否	□真实　□不真实	□优秀　□−1 分　□−3 分	
9	工作装规范(3 分)	□是　□否	□真实　□不真实	□优秀　□−1 分　□−3 分	
10	工、量具摆放整齐(3 分)	□是　□否	□真实　□不真实	□优秀　□−1 分　□−3 分	
11	设备保养(3 分)	□是　□否	□真实　□不真实	□优秀　□−1 分　□−3 分	
12	打扫卫生(3 分)	□是　□否	□真实　□不真实	□优秀　□−1 分　□−3 分	
13	请人代铣工件(3 分)	□是　□否	□真实　□不真实	□优秀　□−3 分	
14	帮人代铣工件(5 分)	□是　□否	□真实　□不真实	□优秀　□−5 分	
15	完成作业(6 分)	□是　□否	□真实　□不真实	□优秀　□−3 分　□−6 分	
实训素养得分			教师签名		

实训技能评价表(50 分)

姓名		班级		实训时间	
序号	评价指标	自我评价或自测尺寸	教师判定或检测尺寸	教师评分	
1	数控铣床开机操作(5 分)	□完成 □未完成	□真实 □不真实	□优秀 □−3 分 □−5 分	
2	数控铣床手动操作(5 分)	□完成 □未完成	□真实 □不真实	□优秀 □−3 分 □−5 分	
3	数控铣床刀具安装(5 分)	□完成 □未完成	□真实 □不真实	□优秀 □−3 分 □−5 分	
4	数控铣床工件装夹(5 分)	□完成 □未完成	□真实 □不真实	□优秀 □−3 分 □−5 分	
5	数控铣床对刀操作(30 分)	□完成 □未完成	□真实 □不真实	□优秀 □−15 分 □−30 分	
实训技能得分			教师签名		

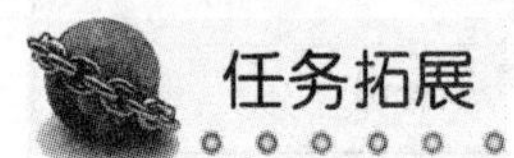

任务拓展

(1) 完成图 5.3 所示工件坐标系原点在方形毛坯的左前角顶点的对刀操作。

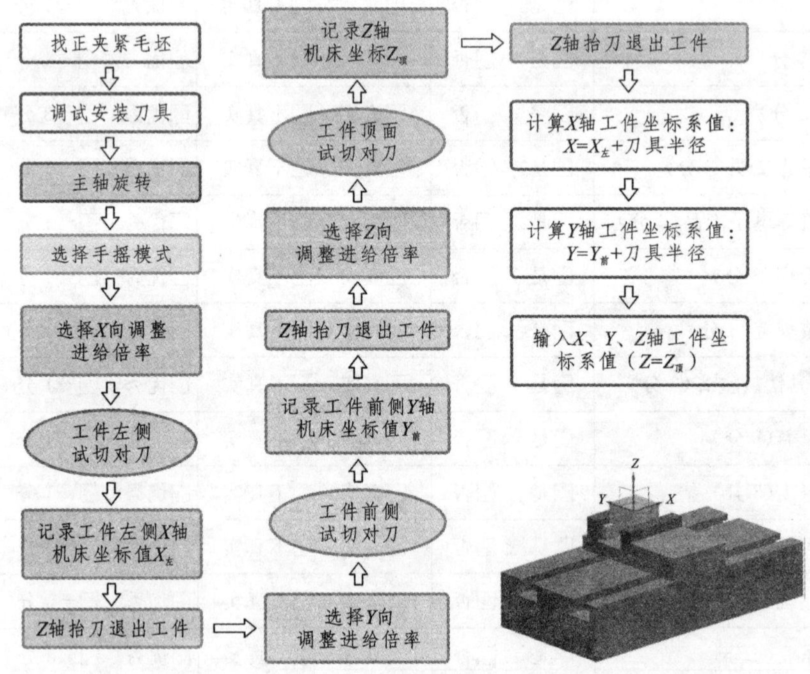

图 5.3 工件对刀操作

操作一：方形毛坯左前角顶点 X 轴对刀。

实训学生姓名		班级		实训时间	
互助学生姓名				教师姓名	

序号	实训任务描述	互助学生记录	互助学生评价	自我评价
1	毛坯：50 mm×50 mm×30 mm 毛坯伸出钳口高度：20 mm	□需安装 □已安装	【安装毛坯】 □规范 □不规范	【安装毛坯】 □规范 □不规范
2	刀具直径：ϕ10 mm 刀具伸出长度：50 mm	□需安装 □已安装	【安装刀具】 □规范 □不规范 □已安装	【安装刀具】 □规范 □不规范 □已安装
3	请实训学生在保证安全的情况下，启动主轴，调整好倍率开关，完成 X 轴左侧的试切对刀	X 轴左侧 【是否根据刀具离工件的距离调整移动倍率】 □是□否 【是否正确记录 X 轴左侧机床坐标值】 □是□否	【操作】 □规范 □不规范 【读数】 □正确 □不正确	【操作】 □规范 □不规范 【读数】 □正确 □不正确
4	请实训学生根据对刀得到的 $X_{左}$ 值计算出工件坐标系 X 坐标值，并输入到 G54 坐标系中	【是否正确计算 G54 坐标系中 X 坐标值】 □是□否 【是否正确输入 G54 坐标系中 X 坐标值】 □是□否	【操作】 □规范 □不规范 【计算】 □正确 □不正确	【操作】 □规范 □不规范 【计算】 □正确 □不正确

操作二:方形毛坯左前角顶点 Y 轴对刀。

实训学生姓名		班级		实训时间	
互助学生姓名				教师姓名	

序号	实训任务描述	互助学生记录	互助学生评价	自我评价
1	毛坯:50 mm×50 mm×30 mm 毛坯伸出钳口高度:20 mm	□需安装 □已安装	【安装毛坯】 □规范 □不规范	【安装毛坯】 □规范 □不规范
2	刀具直径:ϕ10 mm 刀具伸出长度:50 mm	□需安装 □已安装	【安装刀具】 □规范 □不规范 □已安装	【安装刀具】 □规范 □不规范 □已安装
3	请实训学生在保证安全的情况下,启动主轴,调整好倍率开关,完成 Y 轴前侧的试切对刀	Y 轴前侧 【是否根据刀具离工件的距离调整移动倍率】 □是□否 【是否正确记录 Y 轴前侧机床坐标值】 □是□否	【操作】 □规范 □不规范 【读数】 □正确 □不正确	【操作】 □规范 □不规范 【读数】 □正确 □不正确
4	请实训学生根据对刀得到的 $Y_{前}$ 值计算出工件坐标系 Y 坐标值,并输入到 G54 坐标系中	【是否正确计算 G54 坐标系中 Y 坐标值】 □是□否 【是否正确输入 G54 坐标系中 Y 坐标值】 □是□否	【操作】 □规范 □不规范 【计算】 □正确 □不正确	【操作】 □规范 □不规范 【计算】 □正确 □不正确

操作三：方形毛坯左前角顶点 Z 轴对刀。

实训学生姓名		班级		实训时间	
互助学生姓名				教师姓名	

序号	实训任务描述	互助学生记录	互助学生评价	自我评价
1	毛坯：50 mm×50 mm×30 mm 毛坯伸出钳口高度：20 mm	□需安装 □已安装	【安装毛坯】 □规范 □不规范	【安装毛坯】 □规范 □不规范
2	刀具直径：ϕ10 mm 刀具伸出长度：50 mm	□需安装 □已安装	【安装刀具】 □规范 □不规范 □已安装	【安装刀具】 □规范 □不规范 □已安装
3	请实训学生在保证安全的情况下，启动主轴，调整好倍率开关，完成 Z 轴顶面的试切对刀	Z 轴顶面 【是否根据刀具离工件的距离调整移动倍率】 □是□否 【是否正确记录 Z 轴顶面机床坐标值】 □是□否	【操作】 □规范 □不规范 【读数】 □正确 □不正确	【操作】 □规范 □不规范 【读数】 □正确 □不正确

续表

<table>
<tr><td>实训学生姓名</td><td></td><td>班级</td><td></td><td>实训时间</td><td colspan="2"></td></tr>
<tr><td>互助学生姓名</td><td colspan="3"></td><td>教师姓名</td><td colspan="2"></td></tr>
<tr><td>序号</td><td colspan="3">实训任务描述</td><td>互助学生记录</td><td>互助学生评价</td><td>自我评价</td></tr>
<tr><td>4</td><td colspan="3">请实训学生根据对刀得到的 $Z_{顶}$ 值计算出工件坐标系 Z 坐标值，并输入到G54坐标系中</td><td>【是否正确计算G54坐标系中 Z 坐标值】
□是□否
【是否正确输入G54坐标系中 Z 坐标值】
□是□否</td><td>【操作】
□规范
□不规范
【计算】
□正确
□不正确</td><td>【操作】
□规范
□不规范
【计算】
□正确
□不正确</td></tr>
</table>

(2) 请完成图5.4所示梅花槽零件的铣削加工(程序由老师给出)，对刀操作如图5.5所示。

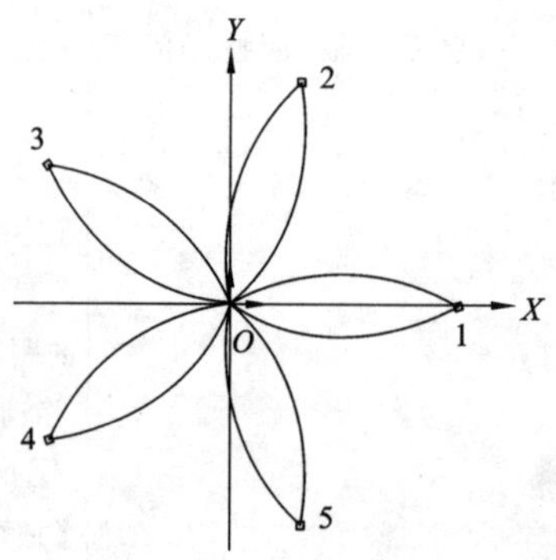

图5.4 梅花槽零件

第1个点坐标：$X=25.000$，$Y=0.000$；

第2个点坐标：$X=7.725$，$Y=23.776$；

第3个点坐标：$X=-20.225$，$Y=14.695$；

第4个点坐标：$X=-20.225$，$Y=-14.695$；

第5个点坐标：$X=7.725$，$Y=-23.776$。

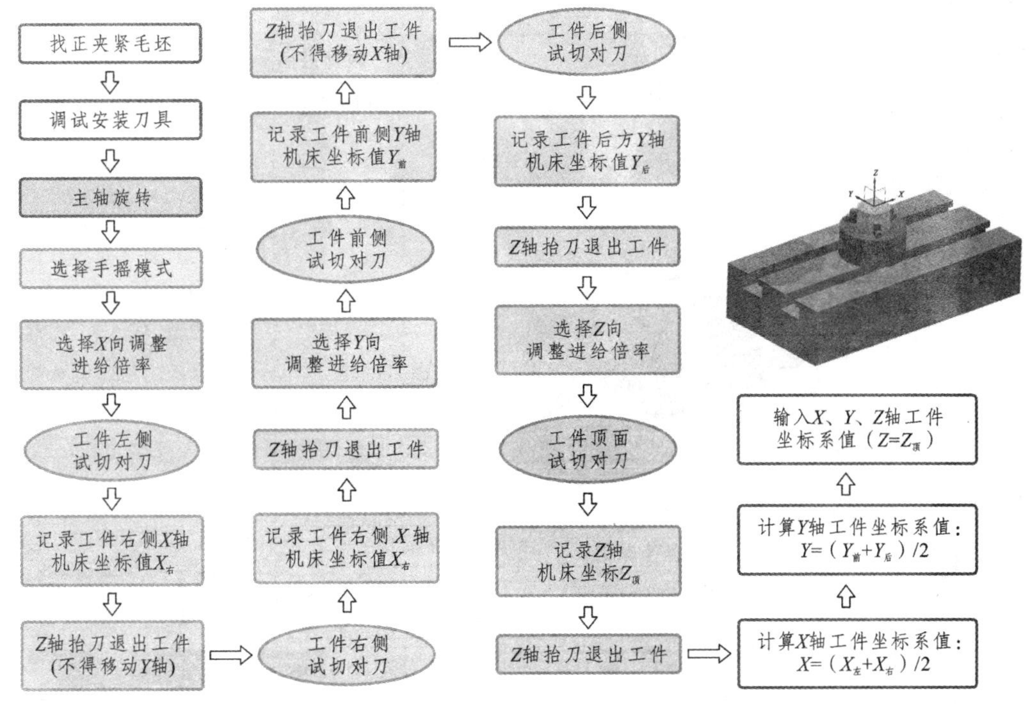

图 5.5　对刀操作

操作一：圆形毛坯中心 X 轴对刀。

实训学生姓名		班级		实训时间	
互助学生姓名				教师姓名	

序号	实训任务描述	互助学生记录	互助学生评价	自我评价
1	毛坯：ϕ50 mm×30 mm 毛坯伸出卡爪高度：10 mm	□需安装 □已安装	【安装毛坯】 □规范 □不规范	【安装毛坯】 □规范 □不规范

续表

<table>
<tr><td>实训学生姓名</td><td colspan="2"></td><td>班级</td><td></td><td>实训时间</td><td colspan="2"></td></tr>
<tr><td>互助学生姓名</td><td colspan="4"></td><td>教师姓名</td><td colspan="2"></td></tr>
<tr><td>序号</td><td colspan="3">实训任务描述</td><td>互助学生记录</td><td>互助学生评价</td><td>自我评价</td></tr>
<tr><td>2</td><td colspan="3">刀具直径：ϕ10 mm
刀具伸出长度：50 mm </td><td>□需安装
□已安装</td><td>【安装刀具】
□规范
□不规范
□已安装</td><td>【安装刀具】
□规范
□不规范
□已安装</td></tr>
<tr><td>3</td><td colspan="3">请实训学生在保证安全的情况下，启动主轴，调整好倍率开关，完成圆形毛坯 X 轴左侧的试切对刀 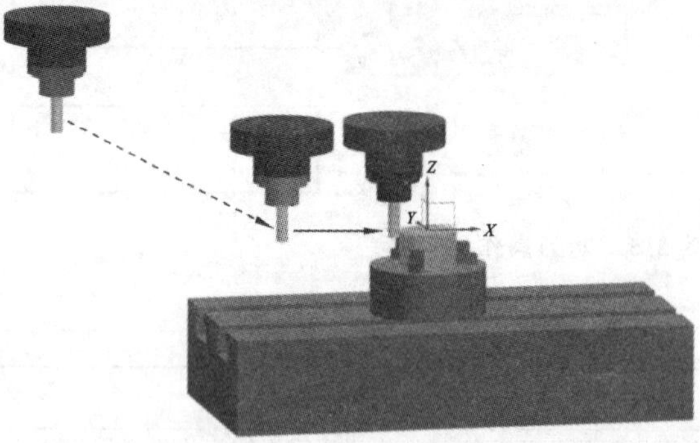
Z Y X</td><td>X 轴左侧
【是否根据刀具离工件的距离调整移动倍率】
□是□否
【是否正确记录 X 轴左侧机床坐标值】
□是□否</td><td>【操作】
□规范
□不规范
【读数】
□正确
□不正确</td><td>【操作】
□规范
□不规范
【读数】
□正确
□不正确</td></tr>
<tr><td>4</td><td colspan="3">请实训学生在保证安全的情况下，保持 Y 轴位置不变，启动主轴，调整好倍率开关，完成圆形毛坯 X 轴右侧的试切对刀 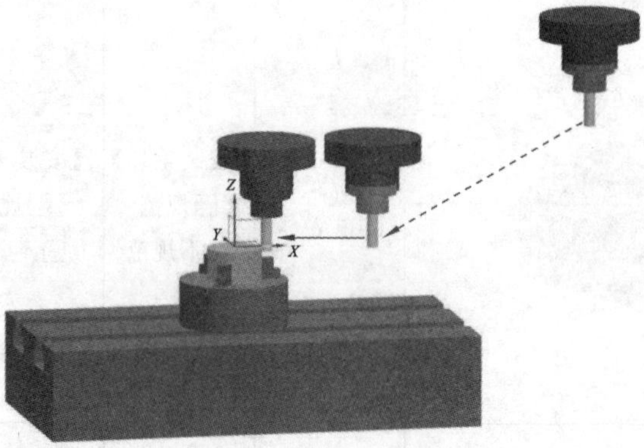
Z Y X</td><td>X 轴右侧
【是否根据刀具离工件的距离调整移动倍率】
□是□否
【是否正确记录 X 轴右侧机床坐标值】
□是□否
【是否在 X 轴右侧对刀时，Y 轴位置有变化】
□是□否</td><td>【操作】
□规范
□不规范
【读数】
□正确
□不正确</td><td>【操作】
□规范
□不规范
【读数】
□正确
□不正确</td></tr>
</table>

续表

实训学生姓名		班级		实训时间		
互助学生姓名				教师姓名		
序号	实训任务描述			互助学生记录	互助学生评价	自我评价
5	请实训学生根据对刀得到的 $X_{左}$、$X_{右}$ 值计算出工件坐标系 X 坐标值，并输入到 G54 坐标系中 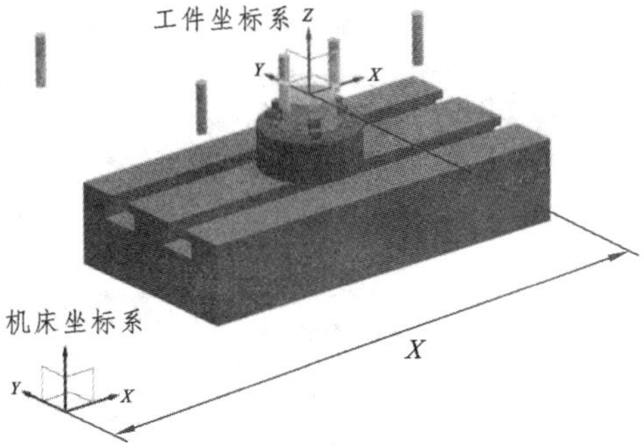 工件坐标系 Z Y X 机床坐标系 Y X X			【是否正确计算 G54 坐标系中 X 坐标值】 □是□否 【是否正确输入 G54 坐标系中 X 坐标值】 □是□否	【操作】 □规范 □不规范 【计算】 □正确 □不正确	【操作】 □规范 □不规范 【计算】 □正确 □不正确

操作二：圆形毛坯中心 Y 轴对刀。

实训学生姓名		班级		实训时间		
互助学生姓名				教师姓名		
序号	实训任务描述			互助学生记录	互助学生评价	自我评价
1	毛坯：ϕ50 mm×30 mm 毛坯伸出卡爪高度：10 mm			□需安装 □已安装	【安装毛坯】 □规范 □不规范	【安装毛坯】 □规范 □不规范
2	刀具直径：ϕ10 mm 刀具伸出长度：50 mm 			□需安装 □已安装	【安装刀具】 □规范 □不规范 □已安装	【安装刀具】 □规范 □不规范 □已安装

续表

<table>
<tr><td colspan="2">实训学生姓名</td><td></td><td>班级</td><td></td><td>实训时间</td><td></td></tr>
<tr><td colspan="2">互助学生姓名</td><td></td><td></td><td></td><td>教师姓名</td><td></td></tr>
<tr><td>序号</td><td colspan="4">实训任务描述</td><td>互助学生记录</td><td>互助学生评价</td><td>自我评价</td></tr>
<tr><td>3</td><td colspan="4">请实训学生在保证安全的情况下，启动主轴，调整好倍率开关，完成圆形毛坯 Y 轴前侧的试切对刀 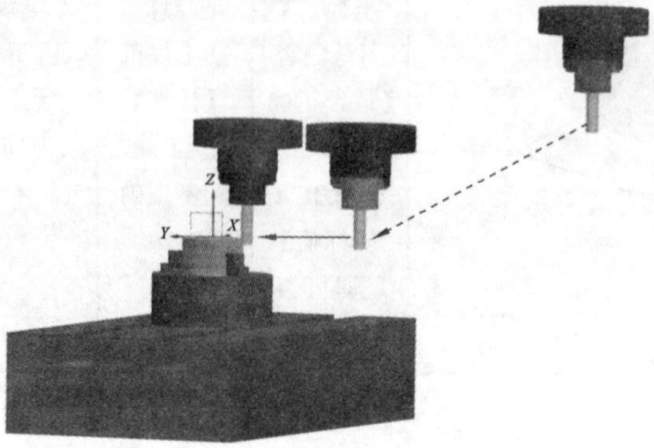</td><td>Y 轴前侧
【是否根据刀具离工件的距离调整移动倍率】
□是□否
【是否正确记录 Y 轴前侧机床坐标值】
□是□否</td><td>【操作】
□规范
□不规范
【读数】
□正确
□不正确</td><td>【操作】
□规范
□不规范
【读数】
□正确
□不正确</td></tr>
<tr><td>4</td><td colspan="4">请实训学生在保证安全的情况下，保持 X 轴位置不变，启动主轴，调整好倍率开关，完成圆形毛坯 Y 轴后侧的试切对刀 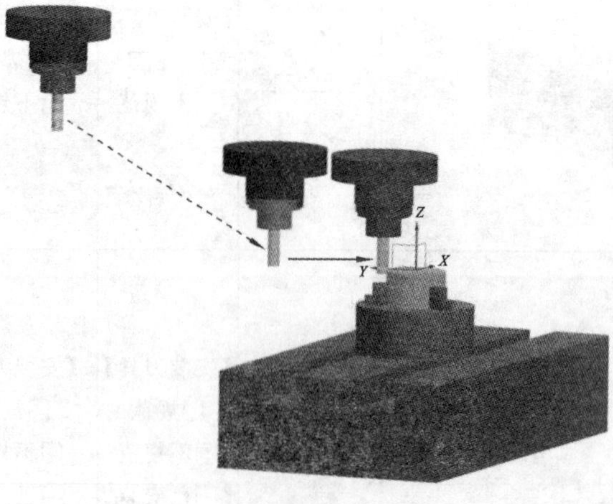</td><td>Y 轴后侧
【是否根据刀具离工件的距离调整移动倍率】
□是□否
【是否正确记录 Y 轴后侧机床坐标值】
□是□否
【是否在 Y 轴右侧对刀时，X 轴位置有变化】
□是□否</td><td>【操作】
□规范
□不规范
【读数】
□正确
□不正确</td><td>【操作】
□规范
□不规范
【读数】
□正确
□不正确</td></tr>
</table>

续表

实训学生姓名		班级		实训时间	
互助学生姓名				教师姓名	

序号	实训任务描述	互助学生记录	互助学生评价	自我评价
5	请实训学生根据对刀得到的 $Y_{前}$、$X_{后}$ 值计算出工件坐标系 Y 坐标值，并输入到 G54 坐标系中	【是否正确计算 G54 坐标系中 Y 坐标值】 □是□否 【是否正确输入 G54 坐标系中 Y 坐标值】 □是□否	【操作】 □规范 □不规范 【计算】 □正确 □不正确	【操作】 □规范 □不规范 【计算】 □正确 □不正确

操作三：圆形毛坯中心顶面 Z 轴对刀。

实训学生姓名		班级		实训时间	
互助学生姓名				教师姓名	

序号	实训任务描述	互助学生记录	互助学生评价	自我评价
1	毛坯：ϕ50 mm×30 mm 毛坯伸出卡爪高度：10 mm	□需安装 □已安装	【安装毛坯】 □规范 □不规范	【安装毛坯】 □规范 □不规范
2	刀具直径：ϕ10 mm 刀具伸出长度：50 mm	□需安装 □已安装	【安装刀具】 □规范 □不规范 □已安装	【安装刀具】 □规范 □不规范 □已安装

续表

<table>
<tr><td colspan="2">实训学生姓名</td><td></td><td>班级</td><td></td><td>实训时间</td><td colspan="2"></td></tr>
<tr><td colspan="2">互助学生姓名</td><td colspan="3"></td><td>教师姓名</td><td colspan="2"></td></tr>
<tr><td>序号</td><td colspan="4">实训任务描述</td><td>互助学生记录</td><td>互助学生评价</td><td>自我评价</td></tr>
<tr><td>3</td><td colspan="4">请实训学生在保证安全的情况下，启动主轴，调整好倍率开关，完成圆形毛坯 Z 轴顶面的试切对刀 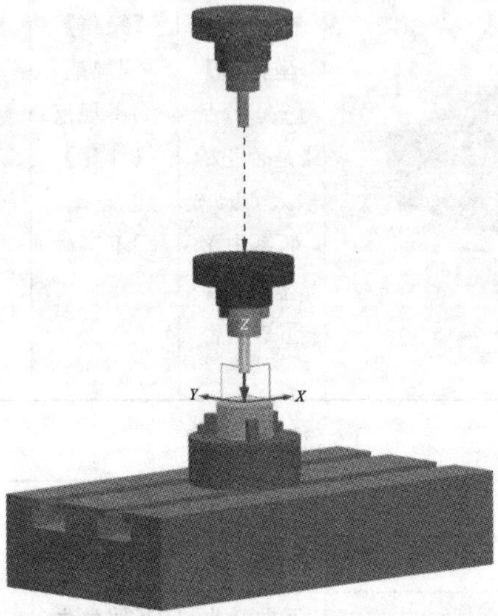</td><td>Z 轴顶面
【是否根据刀具离工件的距离调整移动倍率】
□是□否
【是否正确记录 Z 轴顶面机床坐标值】
□是□否</td><td>【操作】
□规范
□不规范
【读数】
□正确
□不正确</td><td>【操作】
□规范
□不规范
【读数】
□正确
□不正确</td></tr>
<tr><td>4</td><td colspan="4">请实训学生根据对刀得到的 $Z_{顶}$ 值推算出工件坐标系 Z 坐标值，并输入到 G54 坐标系中 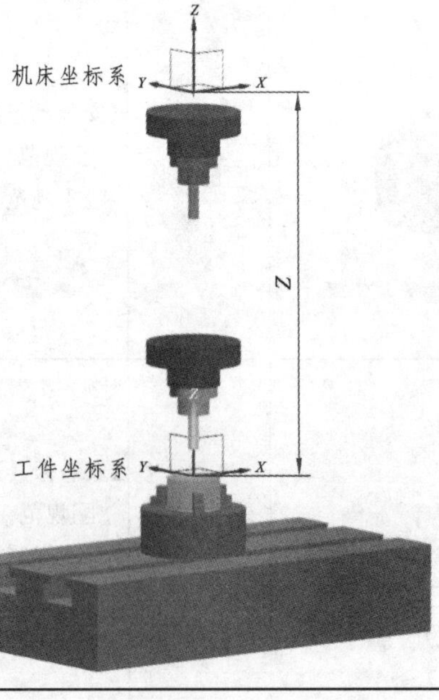</td><td>【是否正确计算 G54 坐标系中 Z 坐标值】
□是□否
【是否正确输入 G54 坐标系中 Z 坐标值】
□是□否</td><td>【操作】
□规范
□不规范
【计算】
□正确
□不正确</td><td>【操作】
□规范
□不规范
【计算】
□正确
□不正确</td></tr>
</table>

项目 6

数控铣床编程基础

实训任务　数控铣床编程基础

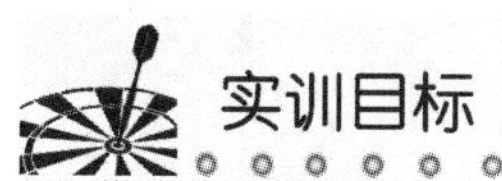

实训目标

（1）掌握数控铣床编程基本知识；

（2）掌握数控铣床编程基本指令；

（3）掌握数控铣床基本功能。

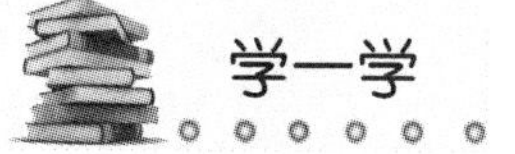

学一学　数控编程基础

1. 数控编程

1）数控编程的概念

在数控机床上加工零件，首先要进行程序编制，将零件的加工顺序、工件与刀具相对运动轨迹的尺寸数据、工艺参数（主运动和进给运动速度、切削深度等）以及辅助操作等加工信息，用规定的文字、数字、符号组成的代码，按一定的格式编写成加工程序单，并将程序单的信息通过控制介质输入到数控装置里，由数控装置控制机床进行自动加工。从零件图样到编制零件加工程序和制作控制介质的全部过程称为数控程序编制。

2）数控编程的方法

（1）手工编程。手工编程时，整个程序的编制过程由人工完成。这就要求编程人员不仅要熟悉数控代码及编程规则，还必须具备机械加工工艺知识和一定的数值计算能力。手工编程对简单零件通常是可以胜任的，但对于一些形状复杂的零件或空间曲面零件，编程工作量巨大，计算烦琐，花费时间长，而且非常容易出错。不过，根据目前生产实际情况，手工编程在相当长的时间内还会是一种行之有效的编程方法。手工编程具有很强的技巧性，并有其自身特点和一些应该注意的问题，将在后续内容中予以阐述。

(2) 自动编程。自动编程是指编程人员根据零件图样的要求,按照某个自动编程系统的规定,编写一个零件源程序,输入编程计算机,再由计算机自动进行程序编制,并打印程序清单和制备控制介质。自动编程既可以减轻劳动强度,缩短编程时间,又可减少差错,使编程工作简便。

综上所述,对于几何形状不太复杂的零件和点位加工,所需的加工程序不多,计算也较简单,出错的机会较少,这时用手工编程经济省时。因此,至今仍广泛应用手工编程方法来编制这类零件的加工程序。但是,对于复杂曲面零件,或几何元素并不复杂但程序量很大的零件(如一个零件上有数千个孔),以及铣削轮廓时,数控装置不具备刀具半径自动偏移功能,而只能按刀具中心轨迹进行编程等情况,由于计算相当烦琐及程序量巨大,手工编程就很难胜任,即使能够编出来,也耗时长,效率低,易出错。据国外统计,用手工编程时,一个零件的编程时间与在机床上实际加工时间之比,平均约为 30∶1。数控机床不能开动的原因中,有 20%～30%是由于加工程序不能及时编制出来而造成的,因此,必须要求编程自动化。

3) 数控编程的步骤

数控编程的一般步骤如图 6.1 所示。

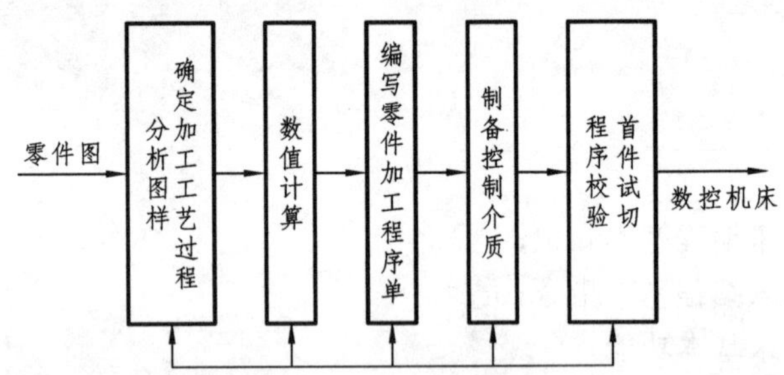

图 6.1　数控编程的步骤

(1) 分析图样、确定加工工艺过程。

在确定加工工艺过程时,编程人员要根据图样对工件的形状、尺寸、技术要求进行分析,然后选择加工方案,确定加工顺序、加工路线、装卡方式、刀具及切削参数,同时还要考虑所用数控机床的指令功能,充分发挥机床的效能,加工路线要短,要正确选择对刀点、换刀点,减少换刀次数。

(2) 数值计算。

根据零件图的几何尺寸确定的工艺路线及设定的坐标系,计算零件粗、精加工各运动轨迹,得到刀位数据。对于形状比较简单的零件(如直线和圆弧组成的零件)的轮廓加工,需要计算几何元素的起点、终点、圆弧的圆心、两几何元素的交点或切点的坐标值,有的还要计算刀具中心的运动轨迹坐标值。对于形状比较复杂的零件(如非圆曲线、曲面组成的零件),需要用直线段或圆弧段逼近,根据要求的精度计算节点坐标值,这种情况一般要用计算机来完成数值计算的工作。

(3) 编写零件加工程序单。

加工路线、工艺参数及刀位数据确定以后,编程人员可以根据数控系统规定的功能指令代码及程序段格式,逐段编写加工程序单。此外,还应填写有关的工艺文件,如数控加工工序卡片、数控加工刀具卡片、数控刀具明细表、工件安装和零点设定卡片、数控加工程序单等。

(4) 制备控制介质。

制备控制介质就是把编制好的程序单上的内容记录在控制介质(如穿孔带、磁带、磁盘等)上作为数控装置的输入信息。目前,随着计算机网络技术的发展,可直接由计算机通过网络与机床数控系统通信。

(5) 程序校验与首件试切。

程序单和制备好的控制介质必须经过校验和试切才能正式使用。校验的方法是直接将控制介质上的内容输入到数控装置中,让机床空运转,以检查机床的运动轨迹是否正确。还可以在数控机床的显示器上模拟刀具与工件切削过程的方法进行检验,但这些方法只能检验出运动是否正确,不能查出被加工零件的加工精度。因此有必要进行零件的首件试切。当发现有加工误差时,应分析误差产生的原因,找出问题所在,加以修正。

2. 数控铣床坐标系

规定数控机床坐标轴和运动方向,是为了准确地描述机床运动,简化程序的编制,并使所编程序具有互换性。国际标准化组织目前已经统一了标准坐标系,我国也颁布了相应的标准(GB/T 19660—2005),对数控机床的坐标和运动方向作了明文规定。

1) 数控铣床坐标系建立的原则

(1) 刀具相对于静止的工件而运动的原则。

(2) 标准坐标系是一个右手笛卡儿直角坐标系。在图 6.2 中,大拇指的方向为 X 轴的正方向,食指的方向为 Y 轴的正方向,中指的方向为 Z 轴正方向。

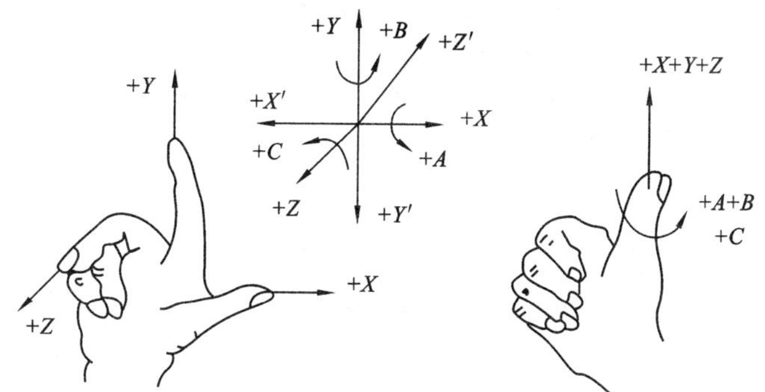

图 6.2 右手笛卡儿坐标系

2) 数控铣床的坐标系

(1) 机床坐标系和机床原点。

机床坐标系是机床上固有的坐标系。机床坐标系的原点也称为机床原点或机床零点,在机床经过设计制造和调整后这个原点便被确定下来,它是固定的点。

在标准中,规定平行于机床主轴(传递切削力)的刀具运动坐标轴为 Z 轴,取刀具远离工件的方向为正方向。如果机床有多个主轴时,则选一个垂直于工件装夹面的主轴为 Z 轴。X 轴为水平方向,且垂直于 Z 轴并平行于工件的装夹面。对于刀具作旋转运动的机床(如铣床、镗床),当 Z 轴是水平的,沿刀具主轴后端向工件方向看,向右的方向为 X 轴的正方向;如果 Z 轴是垂直的,则从主轴向立柱看时,对于单立柱机床,X 轴的正方向指向右边。上述正方向都是刀具相对工件运动而言。在确定了 X、Z 轴的正方向后，可按右手直角笛卡儿坐标系确定 Y 轴的正方向，即在 Z-X 平面内，从 $+Z$ 转到 $+X$ 时，右螺旋应沿 $+Y$ 方向前进。

(2) 工件坐标系。

工件坐标系是编程人员在编程时使用的，编程人员选择工件上的某一已知点为原点，称为编程原点或工件原点。工件坐标系一旦建立便一直有效，直到被新的工件坐标系所取代。

工件坐标系的原点选择要尽量满足编程简单、尺寸换算少、引起的加工误差小等条件。一般情况下，以坐标式尺寸标注的零件，编程原点应选在尺寸标注的基准点；对称零件或以同心圆为主的零件，编程原点应选在对称中心线或圆心上；Z 轴的程序原点通常选在工件的上表面。

3. 数控编程格式及内容

国际上已形成了两个通用标准：国际标准化组织(ISO)标准和美国电子工业学会(EIA)标准。我国根据 ISO 标准制定了《工业自动化系统与集成　机床数值控制坐标系和运动命名》(GB/T 19660—2005)等国标。由于生产厂家使用标准不完全统一，使用代码、指令含义也不完全相同，因此需参照机床编程手册。

1) 数控程序的结构

一个完整的数控程序是由程序号、程序内容和程序结束三部分组成。例如：

```
%0029;…………………………………………………………… 程序号
        N10 G15 G17 G21 G40 G49 G80;  ┐
        N20 G91 G28 Z0;                │
        N30 T1 M6;                     ├程序内容
        N40 G90 G54 S500 M03;          │
        ⋮                              ┘
N100 M30;……………………………………………………………程序结束
```

(1) 程序号：程序号是一个程序必需的标识符。它是由地址符后带若干位数字组成的。常见的地址符有“%”“O”“P”等。HNC-8 系统的程序号为“%”，后面所带的数字一般为4～8位，如%2000。

(2) 程序内容：它表示数控加工要完成的全部动作，是整个程序的核心。它由许多程序段组成，每个程序段由一个或多个指令构成。

(3) 程序结束：以程序结束指令 M02 或 M30 来结束整个程序的运行。

2) 程序段格式

零件的加工程序由程序段组成。程序段格式是指一个程序段中，字、字符、数据的书写规则，通常有字-地址程序段格式、使用分隔符程序段格式和固定程序段格式，最常用的为字-地址程序段格式。

一个程序段由若干个“字”组成，字则由地址字(字母)和数值字(数字及符号)组成。地址字有 N、G、X、Y、Z、I、J、K、P、Q、R、A、B、C、F、S、T、M、L 等，后面跟相应的数值字，各字母含义如表 6.1 所示。

表 6.1　地址的英文字母的含义

地址	功能	含义	地址	功能	含义
A	坐标字	绕 X 轴旋转	N	顺序号	程序段顺序号
B	坐标字	绕 Y 轴旋转	O	程序号	程序号、子程序的指定
C	坐标字	绕 Z 轴旋转	P		暂停时间或程序中某功能开始使用的顺序号
D	刀具半径补偿号	刀具半径补偿指令	Q		固定循环终止段号或固定循环中的定距
E		第二进给功能	R	坐标字	固定循环定距离或圆弧半径的指令
F	进给速度	进给速度指令	S	主轴功能	主轴转速的指令
G	准备功能	动作方式指令	T	刀具功能	刀具编号的指令
H	刀具长度补偿号	刀具长度补偿指令	U	坐标字	与 X 轴平行的附加轴增量坐标值
I	坐标字	圆弧中心相对于起点的 X 轴向坐标	V	坐标字	与 Y 轴平行的附加轴增量坐标值
J	坐标字	圆弧中心相对于起点的 Y 轴向坐标	W	坐标字	与 Z 轴平行的附加轴增量坐标值
K	坐标字	圆弧中心相对于起点的 Z 轴向坐标	X	坐标字	X 轴的绝对坐标值或暂停时间
L	重复次数	固定循环及子程序重复次数	Y	坐标字	Y 轴的绝对坐标值
M	辅助功能	机床开/关指令	Z	坐标字	Z 轴的绝对坐标值

想一想

请根据表 6.2 中的程序完成表格中的问题，并将该程序输入到实训用的数控铣床中。

表 6.2　完成表格中的问题

程序	问题	答案
O3001 %3001 N10　G54 G90 G00 X－20 Y－20 N20　M03 S600 N30　G43 H01 Z100 N40　Z5 N50　G01 Z－5 F80 N60　G41 X0 D01 N70　Y30 N80　G03 X10 Y40　R10 N90　G01　X40 N95　Y0 N100　X－20 N110　G40 Y－20 N120　G00 Z100 N130　M05 N140　M30	该程序的文件名	
	该程序的程序号	
	该程序包含几个程序段	
	程序段“N10 G54 G90 G00 X－20 Y－20”中含有几个指令字	
	该程序中出现了哪几种功能字	
	指令字“S600”中的字母“S”是什么功能字	
	程序段“N80 G03 X10 Y40 R10”中有几个尺寸字	
	该程序的结束符	

学一学　学习数控编程基本功能指令

1. 辅助功能 M 代码

辅助功能由地址字 M 和其后的一或两位数字组成，主要用于控制零件程序的走向，以及机床各种辅助功能的开关动作。

M 功能有非模态 M 功能和模态 M 功能两种形式。

非模态 M 功能（当段有效代码）：只在书写了该代码的程序段中有效。

模态 M 功能(续效代码)：一组可相互注销的 M 功能，这些功能在被同一组的另一个功能注销前一直有效。模态 M 功能组中包含一个缺省功能(见表 6.3)，系统上电时将被初始化为该功能。

另外，M 功能还可分为前作用 M 功能和后作用 M 功能两类：前作用 M 功能在程序段编制的轴运动之前执行；后作用 M 功能在程序段编制的轴运动之后执行。

华中世纪星 HNC-21M 数控装置中 M 指令及功能如表 6.3 所示(▶标记者为缺省值)。

表 6.3　M 指令及功能

代码	模态	功能说明	代码	模态	功能说明
M00	非模态	程序停止	M03	模态	主轴正转启动
M02	非模态	程序结束	M04	模态	主轴反转启动
M30	非模态	程序结束并返回程序起点	▶M05	模态	主轴停止转动
			M06	非模态	换刀
M98	非模态	调用子程序	M07	模态	切削液打开
M99	非模态	子程序结束	▶M09	模态	切削液停止

其中：M00、M02、M30、M98、M99 用于控制零件程序的走向，是 CNC 内定的辅助功能，不由机床制造商设计决定，也就是说，与 PLC 程序无关；其余 M 代码用于机床各种辅助功能的开关动作，其功能不由 CNC 内定，而是由 PLC 程序指定，所以有可能因机床制造厂不同而有差异(表内为标准 PLC 指定的功能)，请使用者参考机床说明书。

1) CNC 内定的辅助功能

(1) 程序暂停指令 M00。

当 CNC 执行到 M00 指令时，将暂停执行当前程序，以方便操作者进行刀具和工件的尺寸测量、工件调头、手动变速等操作。

暂停时，机床的主轴、进给及冷却液停止，而全部现存的模态信息保持不变，欲继续执行后续程序，重按操作面板上的“循环启动”键即可。

M00 为非模态后作用 M 功能。

(2) 程序结束指令 M02。

M02 编在主程序的最后一个程序段中。

当 CNC 执行到 M02 指令时，机床的主轴、进给、冷却液全部停止，加工结束。

使用 M02 的程序结束指令后，若要重新执行该程序，就得重新调用该程序，或在自动加工子菜单下，按 F4 键（请参考 HNC-818 操作说明书），然后再按操作面板上的“循环启动”键启动程序。

M02 为非模态后作用 M 功能。

(3) 程序结束并返回到零件程序头指令 M30。

M30 和 M02 功能基本相同，只是 M30 指令还兼有控制返回到零件程序头（%）的作用。

使用 M30 的程序结束后，若要重新执行该程序，只需再次按操作面板上的“循环启动”键即可。

(4) 子程序调用指令 M98 及从子程序返回指令 M99。

M98 用来调用子程序。

M99 表示子程序结束，执行 M99 使控制返回到主程序。

① 子程序的格式

```
%****
……
M99
```

在子程序开头，必须规定子程序号，以作为调用入口地址。在子程序的结尾用 M99，以控制执行完该子程序后返回主程序。

② 调用子程序的格式

```
M98 P_ L_
```

其中，P 为被调用的子程序号；L 为重复调用次数。

G65 指令的功能和参数与 M98 的相同。

2) PLC 设定的辅助功能

(1) 主轴控制指令 M03、M04、M05。

M03 启动主轴以程序中编制的主轴速度顺时针方向（从 Z 轴正向朝 Z 轴负向看）旋转。

M04 启动主轴以程序中编制的主轴速度逆时针方向旋转。

M05 使主轴停止旋转。

M03、M04 为模态前作用 M 功能；M05 为模态后作用 M 功能，M05 为缺省功能。

M03、M04、M05 可相互注销。

(2) 换刀指令 M06。

M06 用于在加工中心上调用一个欲安装在主轴上的刀具。

刀具将被自动地安装在主轴上。

M06 为非模态后作用 M 功能。

(3) 冷却液打开、停止指令 M07、M09。

M07 指令将打开冷却液管道。

M09 指令将关闭冷却液管道。

M07 为模态前作用 M 功能；M09 为模态后作用 M 功能，M09 为缺省功能。

2. 主轴功能 S、进给功能 F 和刀具功能 T

1) 主轴功能 S

主轴功能 S 控制主轴转速，其后的数值表示主轴速度，单位为转/分钟(r/min)。S 是模态指令，S功能只有在主轴速度可调节时有效。

2）进给速度F

F指令表示工件被加工时刀具相对于工件的合成进给速度，F的单位取决于G94（每分钟进给量，mm/min）或G95（每转进给量，mm/r）。

当工作在G01、G02或G03方式下，编程的F一直有效，直到被新的F值所取代，而工作在G00、G60方式下，快速定位的速度是各轴的最高速度，与所编F无关。

借助操作面板上的倍率按键，F可在一定范围内进行倍率修调。当执行攻丝循环G84、螺纹切削G32时，倍率开关失效，进给倍率固定在100%。

3）刀具功能T

T指令用于选刀，其后的数值表示选择的刀具号，T指令与刀具的关系是由机床制造厂规定的。

在加工中心上执行T指令，刀库转动选择所需的刀具，然后等待，直到M06指令作用时自动完成换刀。

T指令同时调入刀补寄存器中的刀补值（刀补长度和刀补半径）。T指令为非模态指令。

3. 准备功能G指令

准备功能G指令由G后一或二位数值组成，它用来规定刀具和工件的相对运动轨迹、机床坐标系、坐标平面、刀具补偿、坐标偏置等多种加工操作。

华中HNC-818数控装置G指令及功能如表6.4所示。

表6.4 HNC-818数控装置G指令及功能

代码	组号	意义	代码	组号	意义	代码	组号	意义
G00	01	快速定位	G43	10	刀具长度正向补偿	G73	06	深孔高速钻循环
G01		直线插补	G44		刀具长度负向补偿	G74		反攻丝循环
G02		顺圆插补	G49		刀具长度补偿取消	G76		精镗循环
G03		逆圆插补	G50	04	缩放关	G80		固定循环取消
G04	00	暂停	G51		缩放开	G81		定心钻循环
G07	16	虚轴设定	G52	00	局部坐标系设定	G82		带停顿的钻孔循环
G09	00	准停校验	G53		直接机床坐标系编程	G83		深孔钻循环
G17	02	X-Y平面选择	G54	11	选择坐标系1	G84		攻丝循环
G18		X-Y平面选择	G55		选择坐标系2	G85		镗孔循环
G19		X-Y平面选择	G56		选择坐标系3	G86		镗孔循环
G20	08	英吋输入	G57		选择坐标系4	G87		反镗循环
G21		毫米输入	G58		选择坐标系5	G88		手动精镗循环
G22		脉冲当量	G59		选择坐标系6	G89		镗孔循环

续表

代码	组号	意义	代码	组号	意义	代码	组号	意义
G24 G25	03	镜像开 镜像关	G60	00	单方向定位	G90 G91	13	绝对值编程 增量值编程
			G61 G64	12	精确停止校验方式 连续加工方式			
G28 G29	00	返回到参考点 由参考点返回				G92	00	坐标系设定
			G65	00	子程序调用	G94 G95	14	每分钟进给 每转进给
G40 G41 G42	09	刀具半径取消 刀具半径左补偿 刀具半径右补偿	G68 G69	05	旋转变换 旋转取消			
						G98 G99	15	固定循环后返回起始点 固定循环后返回R点

G功能有非模态G功能和模态G功能之分。

非模态G功能：只在所规定的程序段中有效，程序段结束时被注销。

模态G功能：一组可相互注销的G功能，这些功能一旦被执行，则一直有效，直到被同一组的G功能注销为止。

没有共同参数的不同组G代码可以放在同一程序段中，而且与顺序无关。例如，G90、G17可与G01放在同一程序段，但G24、G68、G51等不能与G01放在同一程序段。

4. 有关单位的设定

1）尺寸单位选择G20，G21，G22

格式： G20

G21

G22

说明：G20为英制输入制式；G21为公制输入制式；G22为脉冲当量输入制式。

三种制式下线性轴、旋转轴的尺寸单位如表6.5所示。G20、G21、G22为模态功能，可相互注销；G21为缺省值。

表6.5 尺寸输入制式及其单位

	线性轴	旋转轴
英制(G20)	英吋	度
公制(G21)	毫米	度
脉冲当量(G22)	移动轴脉冲当量	旋转轴脉冲当量

2）进给速度单位的设定G94、G95

格式：G94[F_]

G95 [F_]；

说明：G94为每分钟进给；G95为每转进给。

G94为每分钟进给。对于线性轴，F的单位依G20/G21/G22的设定分别为in/min、mm/min和脉冲当量/min；对于旋转轴，F的单位为度/min或脉冲当量/min。

G95为每转进给，即主轴转一周时刀具的进给量。F的单位依G20/G21/G22的设定分别为 in/r、mm/r 和脉冲当量/r 。这个功能只在主轴装有编码器时才能使用。

G94、G95 为模态功能，可相互注销；G94 为缺省值。

3）有关坐标系和坐标的指令

（1）绝对值编程 G90 与相对值编程 G91。

格式：G90

G91

说明：G90 为绝对值编程，每个编程坐标轴上的编程值是相对于程序原点的。

G91 为相对值编程，每个编程坐标轴上的编程值是相对于前一位置而言的，该值等于沿轴移动的距离。

G90、G91 为模态功能，可相互注销；G90 为缺省值。

G90、G91 可用于同一程序段中，但要注意其顺序所造成的差异。

例 1　如图 6.3 所示，使用 G90、G91 编程：要求刀具由原点按顺序移动到 1、2、3 点。

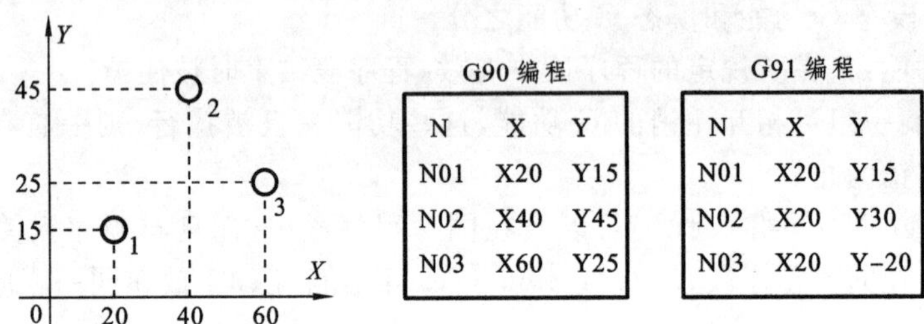

图 6.3　G90/G91 **编程**

选择合适的编程方式可使编程简化。当图纸尺寸由一个固定基准给定时，采用绝对方式编程较为方便；而当图纸尺寸是以轮廓顶点之间的间距给出时，采用相对方式编程较为方便。

（2）工件坐标系设定 G92。

格式：G92　X_Y_Z_

说明：X、Y、Z 为设定的工件坐标系原点到刀具起点的有向距离。

G92 指令通过设定刀具起点（对刀点）与坐标系原点的相对位置建立工件坐标系。工件坐标系一旦建立，绝对值编程时的指令值就是在此坐标系中的坐标值。

例 2　使用 G92 编程，建立如图 6.4 所示的工件坐标系。

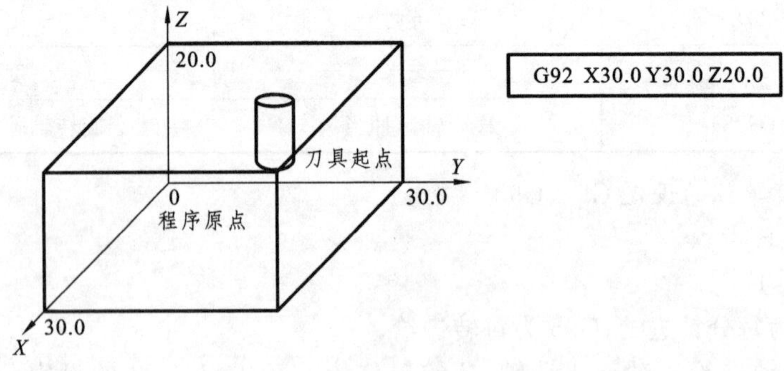

图 6.4　工件坐标系的建立

执行此程序段只建立工件坐标系，刀具并不产生运动。

G92 指令为非模态指令，一般放在一个零件程序的第一段。

(3) 工件坐标系选择 G54～G59。

格式：$\left\{\begin{matrix}\text{G54}\\\text{G55}\\\text{G56}\\\text{G57}\\\text{G58}\\\text{G59}\end{matrix}\right\}$

说明：G54～G59 是系统预定的 6 个工件坐标系(见图 6.5)，可根据需要任意选用。

这 6 个预定工件坐标系的原点在机床坐标系中的值(工件零点偏置值)可用 MDI 方式输入，系统自动记忆。

工件坐标系一旦选定，后续程序段中绝对值编程时的指令值均为相对此工件坐标系原点的值。

G54～G59 为模态功能，可相互注销；G54 为缺省值。

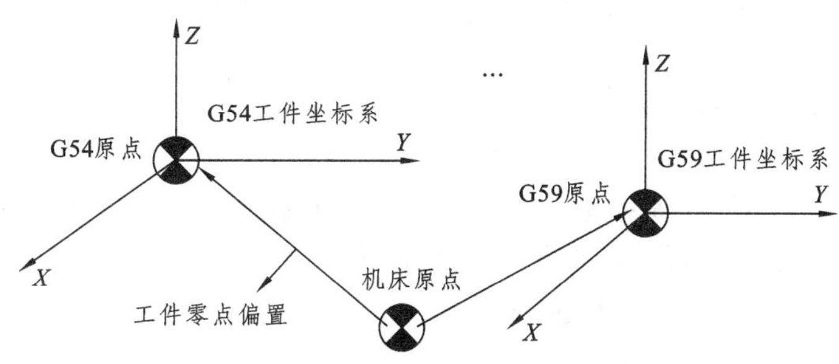

图 6.5 工件坐标系选择(G54～G59)

例 3 如图 6.6 所示，使用工件坐标系编程：要求刀具从当前点移动到 A 点，再从 A 点移动到 B 点。

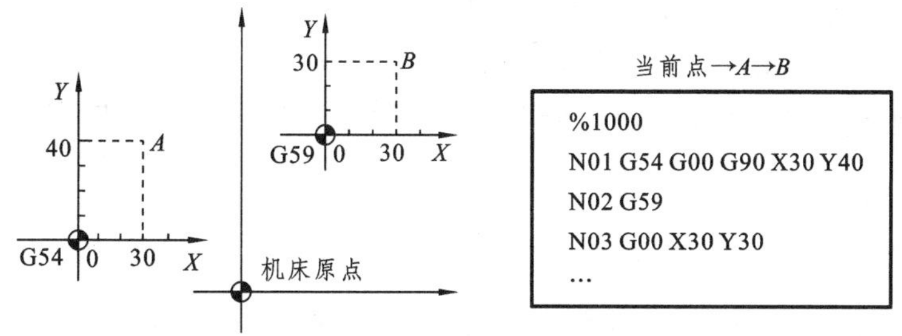

图 6.6 使用工件坐标系编程

注意：使用该组指令前，先用 MDI 方式输入各坐标系的坐标原点在机床坐标系中的坐标值。

(4) 局部坐标系设定 G52。

格式：G52 X_Y_Z_

说明：X、Y、Z 为局部坐标系原点在当前工件坐标系中的坐标值。

G52 指令能在所有的工件坐标系(G92、G54～G59)内形成子坐标系,即局部坐标系,如图 6.7 所示。

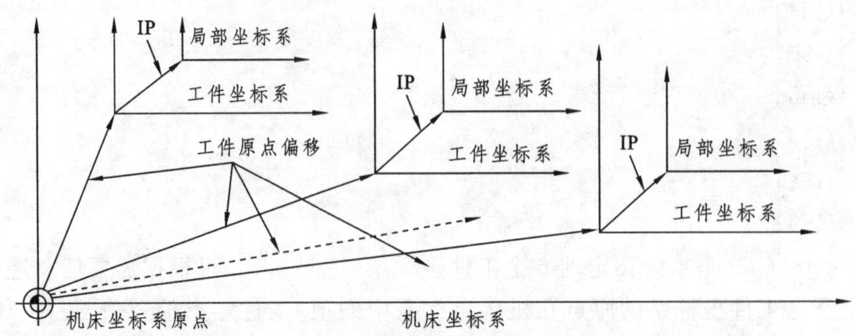

图 6.7　局部坐标系设定指令 G52

在含有 G52 指令的程序段中,绝对值编程方式的指令值就是在该局部坐标系中的坐标值。设定局部坐标系后,工件坐标系和机床坐标系保持不变。

G52 指令为非模态指令。在缩放及旋转功能下,不能使用 G52 指令,但在 G52 下能进行缩放及坐标系旋转。

(5) 直接机床坐标系编程指令 G53。

格式:G53

说明:G53 是机床坐标系编程指令。在含有 G53 的程序段中,绝对值编程时的指令值是在机床坐标系中的坐标值。G53 指令为非模态指令。

(6) 坐标平面选择 G17、G18、G19。

格式:G17

G18

G19

说明:该组指令选择进行圆弧插补和刀具半径补偿的平面。G17 用于选择 *X-Y* 平面;G18 用于选择 *Z-X* 平面;G19 用于选择 *Y-Z* 平面。

G17、G18、G19 为模态功能,可相互注销;G17 为缺省值。

注意:移动指令与平面选择无关。例如,运行指令“G17 G01 Z10”时,*Z* 轴照样会移动。

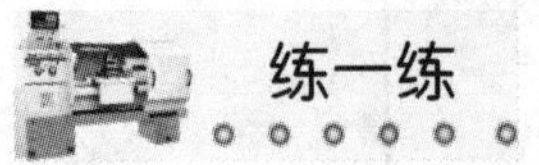

练一练

操作一:请根据下表功能要求手动完成数控铣床操作,并填写操作要点。

序号	功能要求	操作结果记录	操作要点
1	主轴正转	□完成　□未完成	
2	主轴停止	□完成　□未完成	
3	主轴反转	□完成　□未完成	

续表

序号	功能要求	操作结果记录	操作要点
4	主轴停止	□完成　□未完成	
5	冷却液开	□完成　□未完成	
6	冷却液关	□完成　□未完成	
7	主轴定向	□完成　□未完成	
8	主轴点动	□完成　□未完成	
9	手动换刀	□完成　□未完成	

操作二：请在数控系统中输入下列程序，完成程序校验，并在空白处绘制刀具轨迹草图。

程序段号	程　　序	程序段号	程　　序
	%1	N9	G02 X7.215 Y32.392 R30
N1	G54 G00 Z50	N10	G03 X12.642 Y30.458 R6
N2	M03 S1000	N11	G02 X27.8 Y17.739 R10
N3	G00 X−27.424 Y12.162	N12	G03 X27.424 Y12.162 R6
N4	G00 Z5	N13	G02 X−27.424 Y17.739 R−30
N5	G01 Z−2 F100	N14	G00 Z50
N6	G03 X−27.8 Y17.739 R6	N15	X0 Y0
N7	G02 X−12.642 Y30.458 R10	N16	M05
N8	G03 X−7.215 Y29.12 R6	N17	M30

绘制刀具轨迹草图

任务评价

实训素养评价表(共50分)

姓名		班级		实训时间	
序号	评价指标	自我评价	教师判定	教师评分	
1	迟到(4分)	□是 □否	□真实 □不真实	□优秀 □-2分 □-4分	
2	早退(4分)	□是 □否	□真实 □不真实	□优秀 □-2分 □-4分	
3	事假(3分)	□是 □否	□真实 □不真实	□优秀 □-1分 □-3分	
4	病假(3分)	□是 □否	□真实 □不真实	□优秀 □-1分 □-3分	
5	旷课(4分)	□是 □否	□真实 □不真实	□优秀 □-4分	
6	语言举止文明(3分)	□是 □否	□真实 □不真实	□优秀 □-1分 □-3分	
7	玩手机等电子产品(4分)	□是 □否	□真实 □不真实	□优秀 □-2分 □-4分	
8	服从管理(4分)	□是 □否	□真实 □不真实	□优秀 □-2分 □-4分	
9	工作装规范(4分)	□是 □否	□真实 □不真实	□优秀 □-2分 □-4分	
10	工、量具摆放整齐(4分)	□是 □否	□真实 □不真实	□优秀 □-2分 □-4分	
11	设备保养(4分)	□是 □否	□真实 □不真实	□优秀 □-2分 □-4分	
12	打扫卫生(4分)	□是 □否	□真实 □不真实	□优秀 □-2分 □-4分	
13	完成作业(5分)	□是 □否	□真实 □不真实	□优秀 □-3分 □-5分	
实训素养得分			教师签名		

实训技能评价表(50分)

姓名		班级		实训时间	
序号	评价指标	自我评价或自测尺寸	教师判定或检测尺寸	教师评分	
1	数控铣床开机操作(5分)	□完成 □未完	□真实 □不真实	□优秀 □-3分 □-5分	
2	数控铣床手动操作(5分)	□完成 □未完	□真实 □不真实	□优秀 □-3分 □-5分	
3	数控铣床刀具安装(5分)	□完成 □未完	□真实 □不真实	□优秀 □-3分 □-5分	
4	数控铣床工件装夹(5分)	□完成 □未完	□真实 □不真实	□优秀 □-3分 □-5分	
5	数控铣床对刀操作(5分)	□完成 □未完	□真实 □不真实	□优秀 □-3分 □-5分	
6	程序输入操作(10分)	□完成 □未完	□真实 □不真实	□优秀 □-5分 □-10分	
7	程序编辑操作(10分)	□完成 □未完	□真实 □不真实	□优秀 □-5分 □-10分	
8	程序校验操作(5分)	□完成 □未完	□真实 □不真实	□优秀 □-3分 □-5分	
实训技能得分			教师签名		

任务拓展

请解释下表中HNC-818数控系统的基本功能指令的含义，并在正确的特性选项前面的“□”内打“√”。

指令	含　义	特　性
M00		□模态　□非模态
M02		□模态　□非模态
M03		□模态　□非模态
M04		□模态　□非模态
M05		□模态　□非模态
M06		□模态　□非模态
M07		□模态　□非模态
M09		□模态　□非模态
M30		□模态　□非模态
M98		□模态　□非模态
M99		□模态　□非模态
S800		□模态　□非模态
T0101		□模态　□非模态
F100		□模态　□非模态
G04		□模态　□非模态
G28		□模态　□非模态
G29		□模态　□非模态
G54		□模态　□非模态
G90		□模态　□非模态
G91		□模态　□非模态
G40		□模态　□非模态
G41		□模态　□非模态
G42		□模态　□非模态

项目 7

G00、G01 指令的应用

实训任务　G00、G01 指令编程基础

实训目标

(1) 掌握 G00 指令格式及参数说明；

(2) 掌握 G01 指令格式及参数说明；

(3) G00、G01 指令单段编程及操作。

学一学　G00、G01 指令学习

1. 快速定位指令 G00

格式:G00　X_ Y_ Z_ A_

说明:X、Y、Z、A 表示快速定位终点，在 G90 时为终点在工件坐标系中的坐标；在 G91 时为终点相对于起点的位移量。

G00 指令中，刀具相对于工件以各轴预先设定的速度，从当前位置快速移动到程序段指令的定位目标点。

G00 指令中的快移速度由机床参数“快移进给速度”对各轴分别设定，不能用 F 规定。

G00 一般用于加工前快速定位或加工后快速退刀。

快移速度可由面板上的快速修调按钮修正。

G00 为模态功能，可由 G01、G02、G03 或 G33 功能注销。

注意:在执行 G00 指令时，由于各轴以各自速度移动，不能保证各轴同时到达终点，因而联动直线轴的合成轨迹不一定是直线。操作者必须格外小心，以免刀具与工件发生碰撞。常见的做法是，将 Z 轴移动到安全高度，再放心地执行 G00 指令。

例 1　如图 7.1 所示，使用 G00 编程:要求刀具从 A 点快速定位到 B 点。

当 X 轴和 Y 轴的快进速度相同时，从 A 点到 B 点的快速定位路线为 $A \to C \to B$，即以折

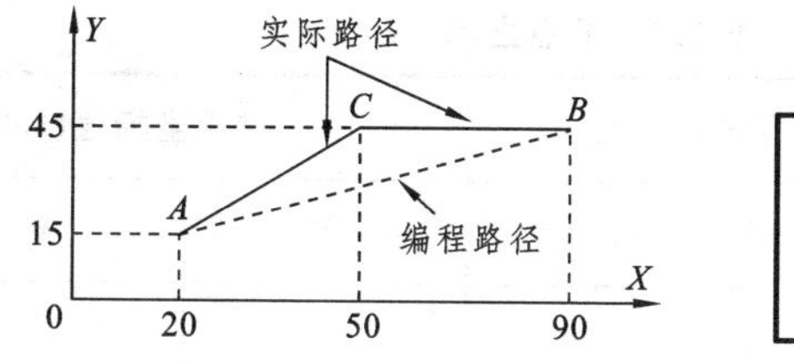

从A到B快速定位

绝对值编程：
G90 G00 X90 Y45
增量值编程：
G91 G00 X70 Y30

图 7.1　G00 编程

线的方式到达 B 点，而不是以直线方式从 A→B。

2. 直线插补指令 G01

格式：G01 X _ Y_ Z_ A_ F_；

说明：X、Y、Z、A 表示线性进给终点，在 G90 时为终点在工件坐标系中的坐标；在 G91 时为终点相对于起点的位移量；F_表示合成进给速度。

G01 指令中，刀具以联动的方式，按 F 规定的合成进给速度，从当前位置按线性路线（联动直线轴的合成轨迹为直线）移动到程序段指令的终点。

G01 是模态代码，可由 G00、G02、G03 或 G33 功能注销。

例 2　如图 7.2 所示，使用 G01 编程：要求从 A 点线性进给到 B 点（此时的进给路线是从 A→B 的直线）。

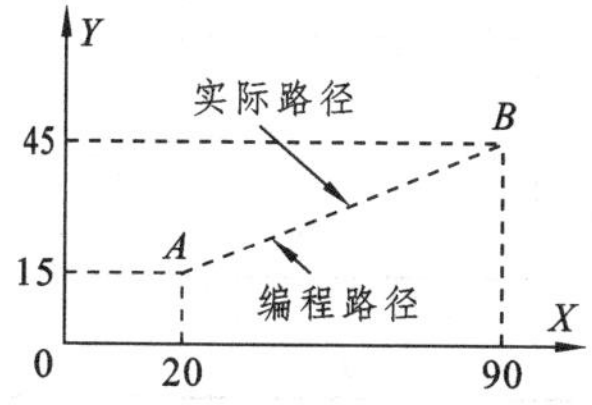

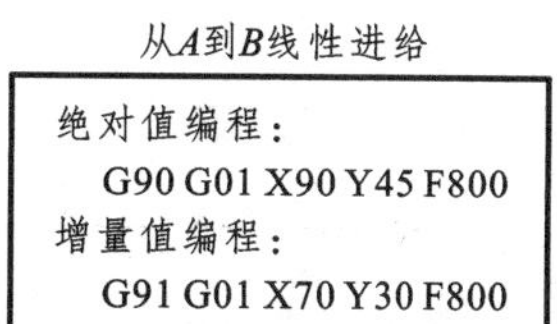

图 7.2　G01 编程

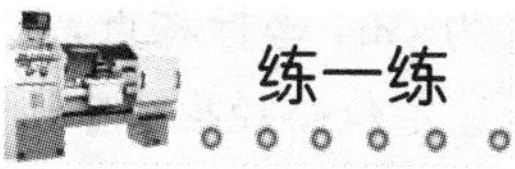

（1）请根据图 7.3 所示零件图样填写表 7.1 中节点坐标。

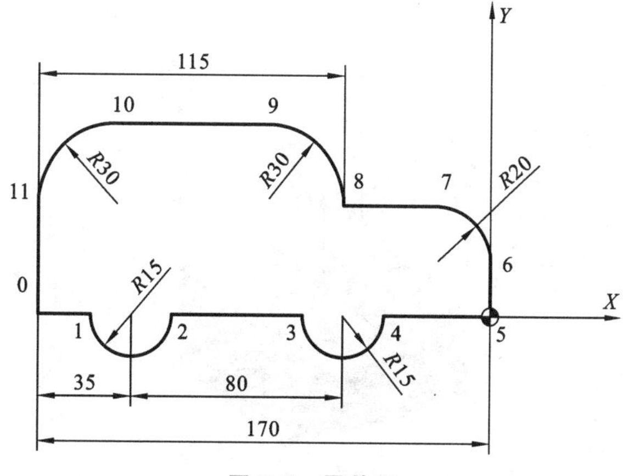

图 7.3　零件图

表 7.1 节点坐标

点	绝对坐标值(G90 方式)			增量坐标值(G91 方式)		
	X	Y	Z	X	Y	Z
0						
1						
2						
3						
4						
5						
6						
7						
8						
9						
10						
11						

(2) 如图 7.4 所示零件图样，工件毛坯尺寸为 100 mm×100 mm×50 mm，A、B、C、D 四点高度分别为工件上表面 60 mm、120 mm、40 mm、80 mm 处，设 O 点为 G54 坐标零点，坐标轴方向如图 7.4 所示。请完成表 7.2 中数控机床从 $A \to B \to C \to D$ 快速定位路径程序中所缺的内容。

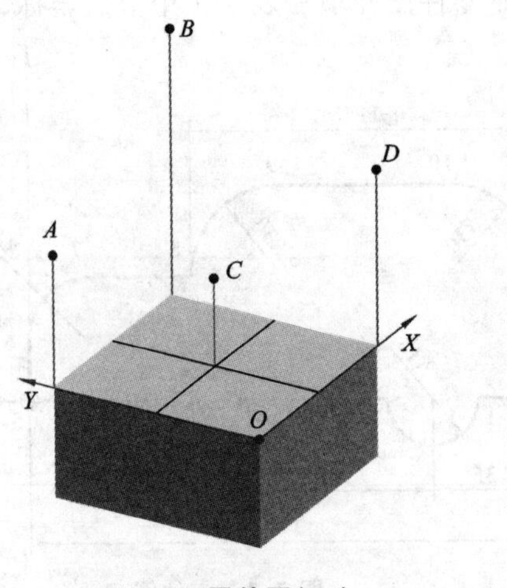

图 7.4 零件图(一)

表 7.2　程序单

绝对坐标编程	注　　释	增量坐标编程
%1111	程序头	%1111
G54　G90　G21	选择工件坐标系，设定编程方式	G54　G__　G21
G00　X__　Y__　Z__	快速定位到 A 点	G00　X__　Y__　Z__
X__　Y__　Z__	快速定位到 B 点	X__　Y__　Z__
X__　Y__　Z__	快速定位到 C 点	X__　Y__　Z__
X__　Y__　Z__	快速定位到 D 点	X__　Y__　Z__
M30	程序结束	M30

(3) 如图 7.5 所示零件图样工件毛坯尺寸为 100 mm×100 mm×50 mm，A、B、C、D 四点高度分别为工件上表面 60 mm、120 mm、40 mm、80 mm 处，设 O 点为 G54 坐标零点，坐标轴方向如图 7.5 所示。请完成表 7.3 中数控机床从 A→B→C→D 快速定位路径程序中所缺的内容。

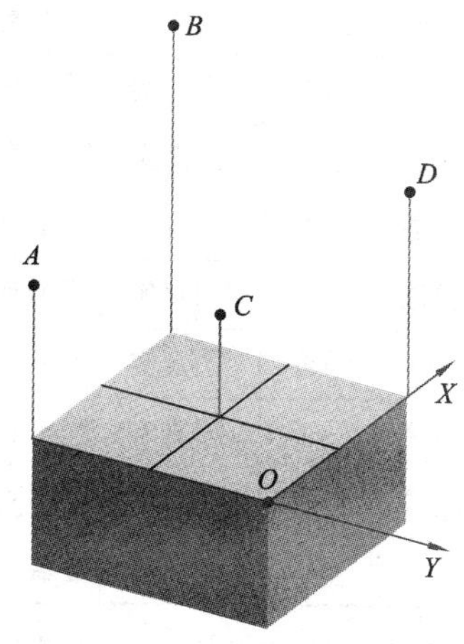

图 7.5　零件图(二)

表 7.3　程序单

绝对坐标编程	注　　释	增量坐标编程
%1111	程序头	%1111
G54　G90　G21	选择工件坐标系，设定编程方式	G54　G__　G21
G00　X__　Y__　Z__	快速定位到 A 点	G00　X__　Y__　Z__
X__　Y__　Z__	快速定位到 B 点	X__　Y__　Z__
X__　Y__　Z__	快速定位到 C 点	X__　Y__　Z__
X__　Y__　Z__	快速定位到 D 点	X__　Y__　Z__
M30	程序结束	M30

任务评价

实训素养评价表(共 60 分)

姓名		班级		指导教师		
序号	评价指标	自我评价	教师判定	教师评分		
1	迟到(3 分)	□是　□否	□真实　□不真实	□优秀	□－1 分	□－3 分
2	早退(3 分)	□是　□否	□真实　□不真实	□优秀	□－1 分	□－3 分
3	事假(3 分)	□是　□否	□真实　□不真实	□优秀	□－3 分	
4	病假(3 分)	□是　□否	□真实　□不真实	□优秀	□－3 分	
5	旷课(3 分)	□是　□否	□真实　□不真实	□优秀	□－3 分	
6	语言举止文明(3 分)	□是　□否	□真实　□不真实	□优秀	□－1 分	□－3 分
7	玩手机等电子产品(5 分)	□是　□否	□真实　□不真实	□优秀	□－3 分	□－5 分
8	服从管理(5 分)	□是　□否	□真实　□不真实	□优秀	□－3 分	□－5 分
9	工作装规范(5 分)	□是　□否	□真实　□不真实	□优秀	□－3 分	□－5 分
10	工、量具摆放整齐(5 分)	□是　□否	□真实　□不真实	□优秀	□－3 分	□－5 分
11	设备保养(4 分)	□是　□否	□真实　□不真实	□优秀	□－2 分	□－4 分
12	打扫卫生(4 分)	□是　□否	□真实　□不真实	□优秀	□－2 分	□－4 分
13	请人代编程(3 分)	□是　□否	□真实　□不真实	□优秀	□－3 分	
14	帮人代编程(5 分)	□是　□否	□真实　□不真实	□优秀	□－5 分	
15	完成作业(6 分)	□是　□否	□真实　□不真实	□优秀	□－3 分	□－6 分
实训素养得分			教师签名			

实训技能评价表(40 分)

姓名		班级		指导教师		
序号	评价指标	自我评价或自测尺寸	教师判定或检测尺寸	教师评分		
1	数控铣床开机操作(5 分)	□完成　□未完成	□真实　□不真实	□优秀	□－3 分	□－5 分
2	数控铣床手动操作(5 分)	□完成　□未完成	□真实　□不真实	□优秀	□－3 分	□－5 分
3	程序编制(20 分)	□完成　□未完成	□真实　□不真实	□优秀	□－10 分	□－20 分
4	程序检验(10 分)	□完成　□未完成	□真实　□不真实	□优秀	□－5 分	□－10 分
实训技能得分			教师签名			

任务拓展

(1) 有一批零件需要铣槽，加工路径较简单，采用手工编程即可，现需要计算出加工槽时走刀路径各节点坐标。槽零件图和三维模型如图 7.6 所示，请根据已知条件在表 7.4 中补齐节点坐标，在表 7.5 中补齐程序段。

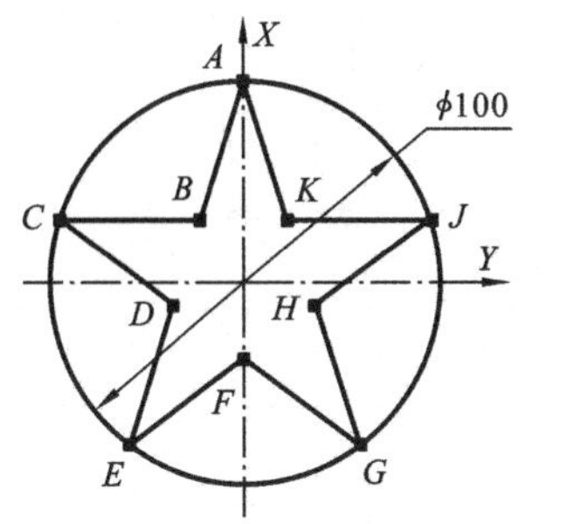

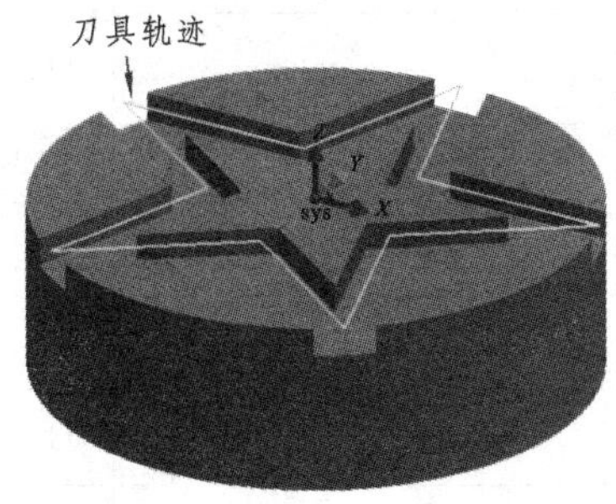

图 7.6　铣槽零件

已知条件：B 点坐标为 X−11.226 Y15.451；C 点坐标为 X−47.553 Y15.451；D 点坐标为 X−18.164 Y−5.902。E 点坐标为 X−29.389 Y−40.451；F 点坐标为 X0 Y−19.098。

表 7.4　填写节点坐标

节　　点	X	Y
A		
B	−11.226	15.451
C	−47.553	15.451
D	−18.164	−5.902
E	−29.389	−40.451
F	0	−19.098
G		
H		
J		
K		

表 7.5　补齐程序段

程序名	1
程序头	1
建立工件坐标系，定位至安全高度	G00　100

续表

主轴正转，转速 1000 r/min	
到达 *A* 点	G00 X_ Y_
接近工件上表面	G00 Z5
下刀	G01 Z−5 F80
从 *A* 至 *B* 点	G01 X_ Y_ F120
从 *B* 至 *C* 点	G01 X_ Y_
从 *C* 至 *D* 点	G01 X_ Y_
从 *D* 至 *E* 点	G01 X−29.389 Y−40.451
从 *E* 至 *F* 点	G01 X_ Y_
从 *F* 至 *G* 点	G01 X29.389 Y−40.451
从 *G* 至 *H* 点	G01 X_ Y_
从 *H* 至 *J* 点	G01 X47.553 Y15.451
从 *J* 至 *K* 点	G01 X_ Y_
从 *K* 至 *A* 点	G01 X50 Y0
抬刀至安全高度	G00 Z100
主轴停	
主程序结束并返回程序头	

(2) 在图 7.7 所示零件中加工 U 型槽，请在表 7.6 中填写刀具中心轨迹节点坐标。

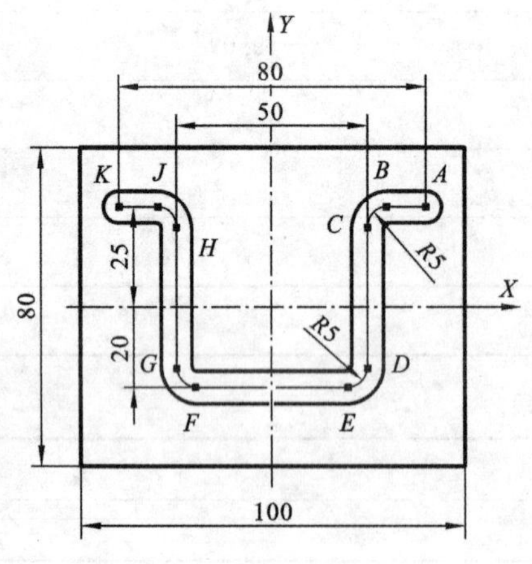

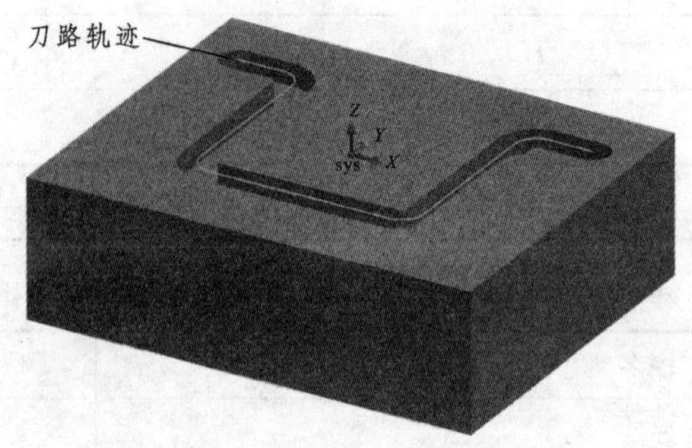

图 7.7 零件图

表 7.6　填写节点坐标

节　　点	G90		G91	
	X	*Y*	*X*	*Y*
A				
B				
C				
D				
E				
F				
G				
H				
J				
K				

项目 8

圆弧插补 G02、G03 指令的应用

实训任务　圆弧插补 G02、G03 指令编程基础

实训目标

(1) 掌握圆弧插补 G02、G03 指令格式及参数说明；

(2) 圆弧插补 G02、G03 指令单段编程及操作。

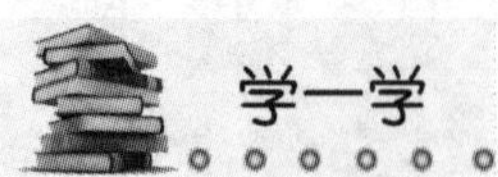

学一学

1. 圆弧插补 G02、G03 指令

格式：$G17\left\{\begin{matrix}G02\\G03\end{matrix}\right\}X\_Y\_\left\{\begin{matrix}I\_J\_\\R\_\end{matrix}\right\}F\_$

$G18\left\{\begin{matrix}G02\\G03\end{matrix}\right\}X\_Z\_\left\{\begin{matrix}I\_K\_\\R\_\end{matrix}\right\}F\_$

$G19\left\{\begin{matrix}G02\\G03\end{matrix}\right\}Y\_Z\_\left\{\begin{matrix}J\_K\_\\R\_\end{matrix}\right\}F\_$

说明：G02 用于顺时针圆弧插补(见图 8.1)；

G03 用于逆时针圆弧插补(见图 8.1)；

G17 用于 *X-Y* 平面的圆弧；

G18 用于 *Z-X* 平面的圆弧；

G19 用于 *Y-Z* 平面的圆弧。

X、Y、Z 为圆弧终点，在 G90 时为圆弧终点在工件坐标系中的坐标；在 G91 时为圆弧终点相对于圆弧起点的位移量；

I、J、K 为圆心相对于圆弧起点的偏移值(等于圆心的坐标减去圆弧起点的坐标，如图 8.

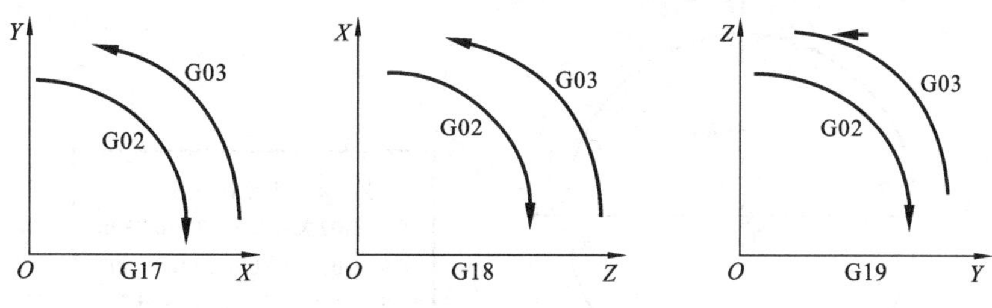

图 8.1　不同平面的 G02 与 G03 选择

2 所示），在 G90/G91 时都是以增量方式指定；

R 为圆弧半径，当圆弧圆心角小于 180°时，R 为正值，否则 R 为负值；

F 为被编程的两个轴的合成进给速度。

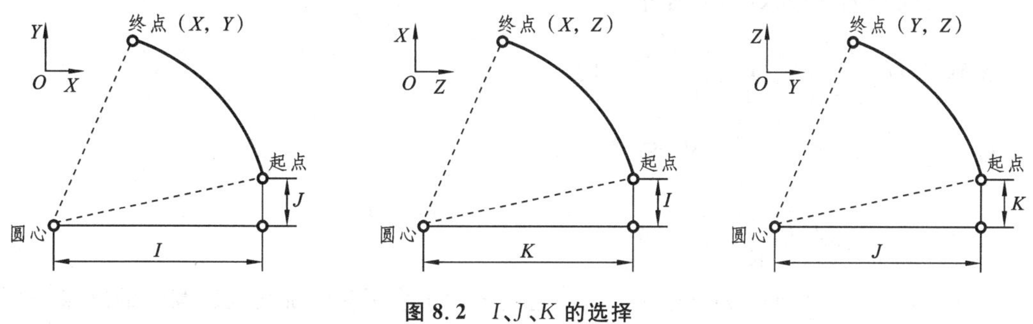

图 8.2　I、J、K 的选择

例 1　使用 G02 指令对图 8.3 所示圆弧 a 和圆弧 b 编程。

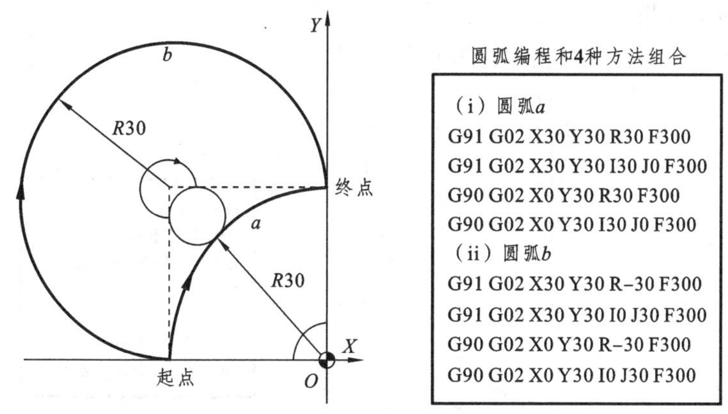

Y
b
R30
终点
a
R30
X
起点
O
圆弧编程和4种方法组合
（i）圆弧a
G91 G02 X30 Y30 R30 F300
G91 G02 X30 Y30 I30 J0 F300
G90 G02 X0 Y30 R30 F300
G90 G02 X0 Y30 I30 J0 F300
（ii）圆弧b
G91 G02 X30 Y30 R-30 F300
G91 G02 X30 Y30 I0 J30 F300
G90 G02 X0 Y30 R-30 F300
G90 G02 X0 Y30 I0 J30 F300

图 8.3　圆弧编程

例 2　使用 G02/G03 对图 8.4 所示的整圆编程。

注意：(1) 顺时针或逆时针是从垂直于圆弧所在平面的坐标轴的正方向看到的回转方向；

(2) 整圆编程时不可以使用 R，只能用 I、J、K；

(3) 同时编入 R 与 I、J、K 时，R 有效。

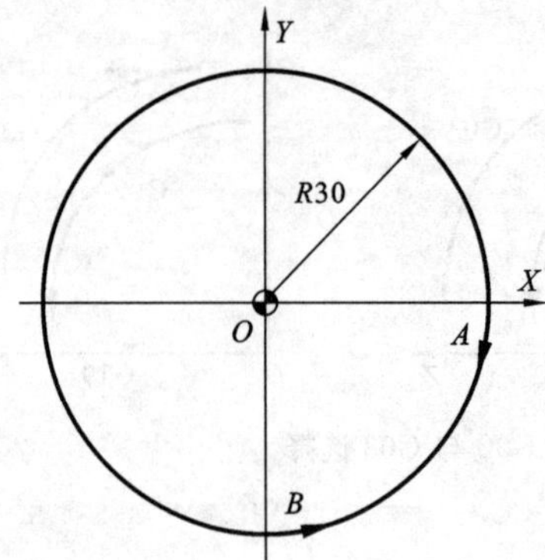

(i) 从A点顺时针一周时
G90 G02 X30 Y0 I-30 J0 F300
G91 G02 X0 Y0 I-30 J0 F300
(ii) 从B点逆时针一周时
G90 G03 X0 Y-30 I0 J30 F300
G91 G03 X0 Y0 I0 J30 F300

图 8.4 整圆编程

2. 螺旋插补 G02、G03 指令

格式：$G17\left\{\begin{matrix}G02\\G03\end{matrix}\right\}X\_\ Y\_\left\{\begin{matrix}I\_\ J\_\\R\_\end{matrix}\right\}Z\_\ F\_$

$G18\left\{\begin{matrix}G02\\G03\end{matrix}\right\}X\_\ Z\_\left\{\begin{matrix}I\_\ K\_\\R\_\end{matrix}\right\}Y\_\ F\_$

$G19\left\{\begin{matrix}G02\\G03\end{matrix}\right\}Y\_\ Z\_\left\{\begin{matrix}J\_\ K\_\\R\_\end{matrix}\right\}X\_\ F\_$

说明：X、Y、Z 中由 G17/G18/G19 平面选定的两个坐标为螺旋线投影圆弧的终点，意义同圆弧进给，第三坐标是与选定平面相垂直的轴的终点；其余参数的意义同圆弧进给。

该指令对另一个不在圆弧平面上的坐标轴施加运动指令，对于任何小于 360°的圆弧，可附加任一数值的单轴指令。

例 3 使用 G03 对图 8.5 所示的螺旋线编程。

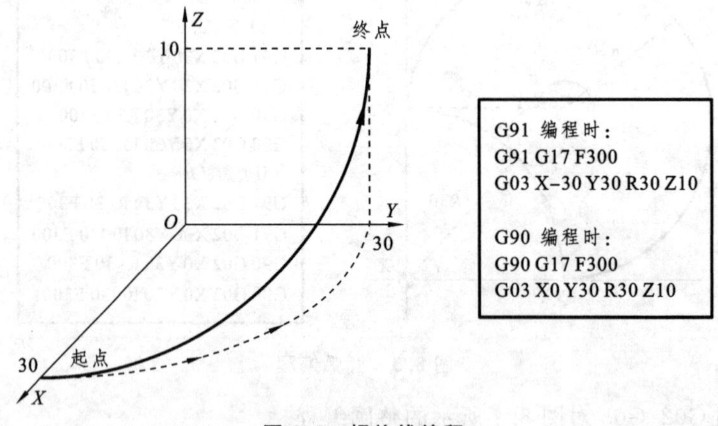

图 8.5 螺旋线编程

练一练

(1) 请根据图 8.6 所示坐标平面中的圆弧轮廓图形，填写表 8.1 中的圆弧编程指令。

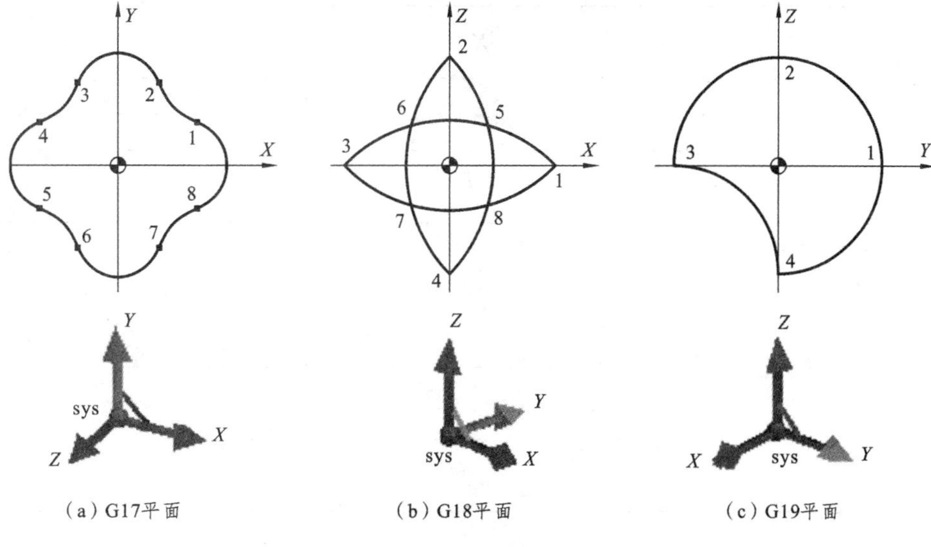

（a）G17平面　（b）G18平面　（c）G19平面

图 8.6　圆弧轮廓

表 8.1　编程指令

图(a)(G17 平面)		图(b)(G18 平面)		图(c)(G19 平面)	
圆弧方向	编程指令	圆弧方向	编程指令	圆弧方向	编程指令
圆弧 12		圆弧 1563		圆弧 4123	
圆弧 23		圆弧 1873		圆弧 43	
圆弧 87		圆弧 2674		圆弧 3214	
圆弧 76		圆弧 2584		圆弧 34	

(2) 根据已知条件完善图 8.7 所示零件的精加工程序，在表 8.2 中填写各节点坐标，并完善表 8.3 中的精加工程序。

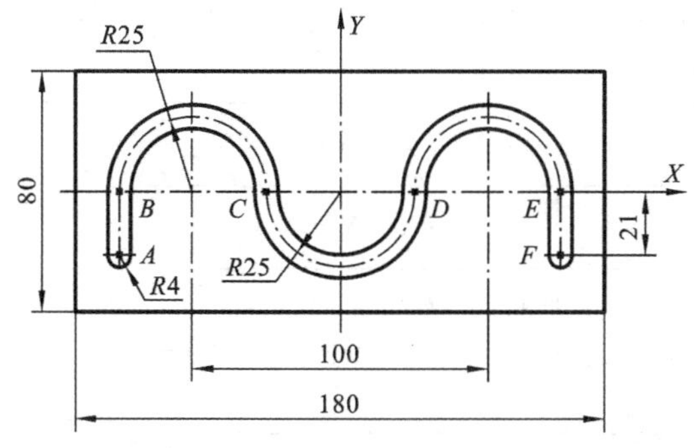

图 8.7　零件图

表 8.2 节点坐标

节　　点	X	Y
A		
B		
C		
D		
E		
F		

表 8.3 精加工程序

程序名	O2
程序头	__ 2
建立工件坐标系,定位至安全高度	G00　100
主轴正转,转速 1200 r/min	M03　S1200
到达 A 点	G00　X－75 Y－21
接近工件	G00　Z5
下刀	______　Z－5　F80
从 A 至 B 点	G01　X__　Y__　F120
从 B 至 C 点	______　X－25 Y0　R25
从 C 至 D 点	______　X25　Y0
从 D 至 E 点	G02　X__　Y__　R25
从 E 至 F 点	G01　X75　Y－21
抬刀至安全高度	G00　Z100
主轴停	
主程序结束并返回程序头	

(3) 根据已知条件完善图 8.8 所示零件的精加工程序，在表 8.4 中填写各节点坐标，完善表 8.5 中的精加工程序。

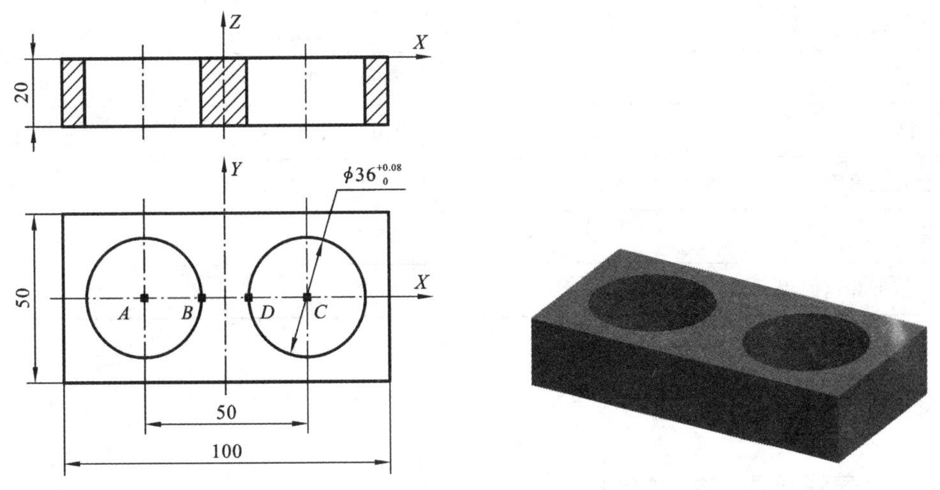

图 8.8　零件图

表 8.4　各节点坐标

节　　点	X	Y
A		
B		
C		
D		

表 8.5　精加工程序

程序名	O2
程序头	%2
建立工件坐标系，定位至安全高度	G54　G00　Z100
主轴正转，转速 1000 r/min	
到达 A 点	G00　X__　Y__
接近工件	G00　Z5
刀具进给到工件上表面	G01　Z0　F80
螺旋进给铣孔	G02　______　L11　F120
孔底清根	G90　G02　______
从 B 至 A 点	G01　X−25　Y0
抬刀至工件上表面 5 mm	G00　Z5
从 A 至 D 点	G00　______

续表

刀具进给到工件上表面	G01 Z0 F80
螺旋进给铣孔	G02 ______ F120
孔底清根	G90 G02
从 D 至 C 点	G01 X25 Y0
抬刀至安全高度	G00 Z100
主轴停	M05
主程序结束并返回程序头	M30

任务评价

实训素养评价表(共 60 分)

姓名		班级		指导教师	
序号	评价指标	自我评价	教师判定	教师评分	
1	迟到(3 分)	□是 □否	□真实 □不真实	□优秀 □−1 分 □−3 分	
2	早退(3 分)	□是 □否	□真实 □不真实	□优秀 □−1 分 □−3 分	
3	事假(3 分)	□是 □否	□真实 □不真实	□优秀 □−3 分	
4	病假(3 分)	□是 □否	□真实 □不真实	□优秀 □−3 分	
5	旷课(3 分)	□是 □否	□真实 □不真实	□优秀 □−3 分	
6	语言举止文明(3 分)	□是 □否	□真实 □不真实	□优秀 □−1 分 □−3 分	
7	玩手机等电子产品(5 分)	□是 □否	□真实 □不真实	□优秀 □−3 分 □−5 分	
8	服从管理(5 分)	□是 □否	□真实 □不真实	□优秀 □−3 分 □−5 分	
9	工作装规范(5 分)	□是 □否	□真实 □不真实	□优秀 □−3 分 □−5 分	
10	工、量具摆放整齐(5 分)	□是 □否	□真实 □不真实	□优秀 □−3 分 □−5 分	
11	设备保养(4 分)	□是 □否	□真实 □不真实	□优秀 □−2 分 □−4 分	
12	打扫卫生(4 分)	□是 □否	□真实 □不真实	□优秀 □−2 分 □−4 分	
13	请人代编程(3 分)	□是 □否	□真实 □不真实	□优秀 □−3 分	
14	帮人代编程(5 分)	□是 □否	□真实 □不真实	□优秀 □−5 分	
15	完成作业(6 分)	□是 □否	□真实 □不真实	□优秀 □−3 分 □−6 分	
实训素养得分		教师签名			

实训技能评价表(40 分)

姓名		班级		指导教师	
序号	评价指标	自我评价或自测尺寸	教师判定或检测尺寸	教师评分	
1	数控铣床开机操作(5 分)	□完成　□未完成	□真实　□不真实	□优秀　□－3 分　□－5 分	
2	数控铣床手动操作(5 分)	□完成　□未完成	□真实　□不真实	□优秀　□－3 分　□－5 分	
3	程序编制(20 分)	□完成　□未完成	□真实　□不真实	□优秀　□－10 分　□－20 分	
4	程序检验(10 分)	□完成　□未完成	□真实　□不真实	□优秀　□－5 分　□－10 分	
实训技能得分			教师签名		

任务拓展

(1) 根据表 8.6 中已知的程序，按要求绘制刀具轨迹图。

表 8.6　加工程序

程　　序	注　　释
%1113	程序头
G54　G90　G21　G94	选择工件坐标系，设定编程方式
M03　S800	主轴以 800 r/min 的速度正转
G00　X50　Y0　Z100	快速定位到下刀点的安全高度
Z2	快速定位到下刀点(*A* 点)
G01　Z－2　F200	直线插补进刀
G02　X0　Y50　R75 (*B* 点)	请在下图区域内绘制从 *A*→*B*→*C*→*D*→*A*→*B*→*C*→*A* 的刀具轨迹图
X－50　Y0　R75(*C* 点)	
X0　Y－50　R75(*D* 点)	
X50　Y0　R75(*A* 点)	
G03　X0　Y50　R60(*B* 点)	
X－50　Y0　R60(*C* 点)	
X0　Y－50　R60(*D* 点)	
X50　Y0　R60(*A* 点)	
G00　Z100	快速退刀
M30	程序结束

(2) 请根据图 8.9 所示零件图中加工 U 型槽时的精加工程序，完善表 8.7 中的精加工程序。

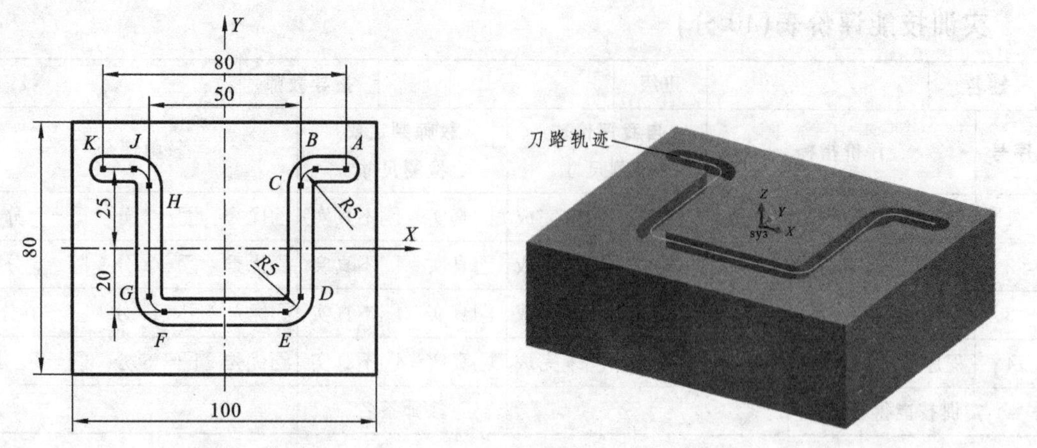

图 8.9　零件图

表 8.7　精加工程序

程序名	O2
程序头	___ 2
建立工件坐标系，定位至安全高度	G00 ______ 100
主轴正转，转速 1200 r/min	M03 S1200
到达 *A* 点	G00 ______
接近工件	G00 Z5
下刀	___ Z−5 F80
从 *A* 至 *B* 点	
从 *B* 至 *C* 点	
从 *C* 至 *D* 点	
从 *D* 至 *E* 点	
从 *E* 至 *F* 点	
从 *F* 至 *G* 点	
从 *G* 至 *H* 点	
从 *H* 至 *J* 点	
从 *J* 至 *K* 点	
抬刀至安全高度	
主轴停	M05
主程序结束并返回程序头	M30

(3) 零件如图 8.10 所示,请在表 8.8 填写铣削螺纹加工程序。

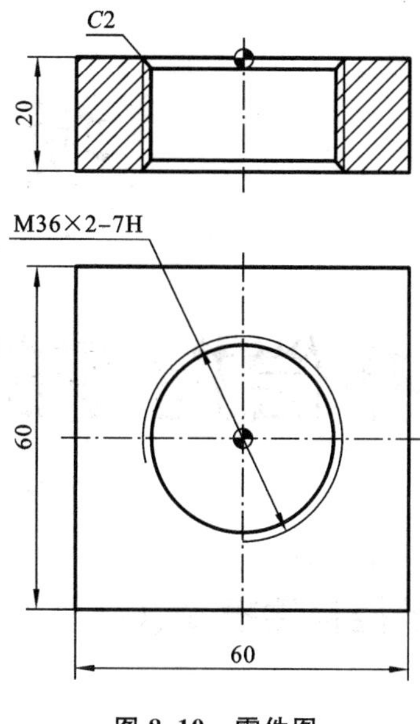

图 8.10 零件图

表 8.8 精加工程序

程序名	O2
程序头	%2
建立工件坐标系,定位至安全高度	G54 G00 Z100
主轴正转,转速 1000 r/min	______ ______
到达进刀点	G00 ______ ______
接近工件	G00 Z5
刀具进给到工件上表面	G01 Z0 F80
螺旋进给铣孔	____________________
退刀	G01 ______
抬刀至安全高度	G00 Z100
主轴停	M05
主程序结束并返回程序头	M30

项目 9

刀具半径补偿指令的应用

实训任务　刀具半径补偿指令 G40、G41、G42 的应用

实训目标

(1) 掌握刀具半径补偿指令 G40、G41、G42 的格式及参数说明；

(2) 刀具半径补偿指令 G40、G41、G42 单段编程及操作。

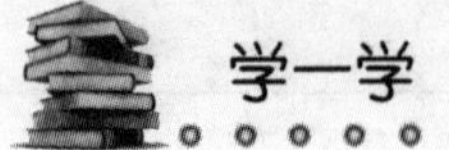

学一学　刀具半径补偿 G40、G41、G42 指令

格式：$\begin{Bmatrix} G17 \\ G18 \\ G19 \end{Bmatrix} \begin{Bmatrix} G40 \\ G41 \\ G42 \end{Bmatrix} \begin{Bmatrix} G00 \\ G01 \end{Bmatrix}$X_Y_ Z_D_

说明：G40 为取消刀具半径补偿；

G41 为左刀补(在刀具前进方向左侧补偿)，如图 9.1(a)所示；

G42 为右刀补(在刀具前进方向右侧补偿)，如图 9.1(b)所示；

G17 为刀具半径补偿平面为 *X-Y* 平面；

G18 为刀具半径补偿平面为 *Z-X* 平面；

G19 为刀具半径补偿平面为 *Y-Z* 平面；

X、Y、Z 为 G00/G01 的参数，即刀补建立或取消的终点(注：投影到补偿平面上的刀具轨迹受到补偿)；

D 为 G41/G42 的参数，即刀补号码(D00～D99)，它代表了刀补表中对应的半径补偿值。

G40、G41、G42 都是模态代码，可相互注销。

注意：刀具半径补偿平面的切换必须在补偿取消方式下进行；刀具半径补偿的建立与取消只能用 G00 或 G01 指令，不能用 G02 或 G03 指令。

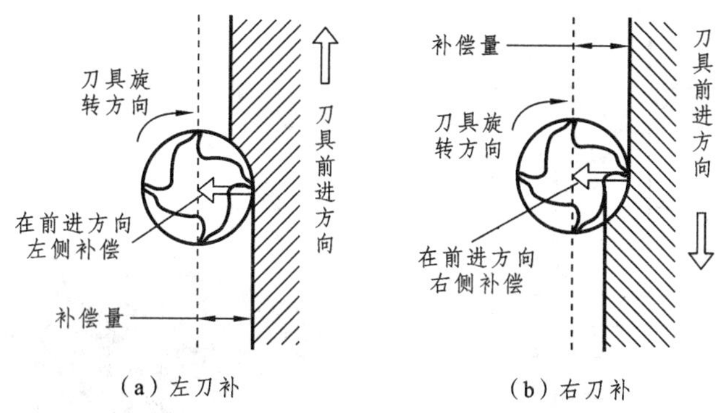

(a) 左刀补　　(b) 右刀补

图 9.1　刀具补偿方向

例　考虑刀具半径补偿，编制图 9.2 所示零件的加工程序：要求建立如图所示的工件坐标系，按箭头所指示的路径进行加工，设加工开始时刀具距离工件上表面 50 mm，切削深度为 10 mm。

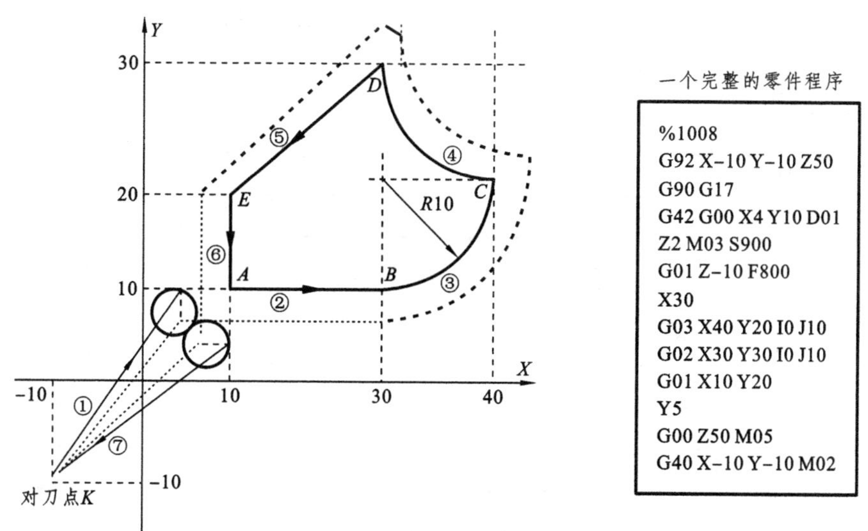


```
%1008
G92 X-10 Y-10 Z50
G90 G17
G42 G00 X4 Y10 D01
Z2 M03 S900
G01 Z-10 F800
X30
G03 X40 Y20 I0 J10
G02 X30 Y30 I0 J10
G01 X10 Y20
Y5
G00 Z50 M05
G40 X-10 Y-10 M02
```

图 9.2　刀具半径补偿编程

注意：(1) 加工前应先用手动方式对刀，将刀具移动到相对于编程原点（－10，－10，50）的对刀点处；

(2) 图中带箭头的实线为编程轮廓，不带箭头的虚线为刀具中心的实际路线。

练一练

根据图 9.3 所示零件的已知条件完善精加工程序，在表 9.1 中填写各节点坐标，完善表 9.2 中的精加工程序。

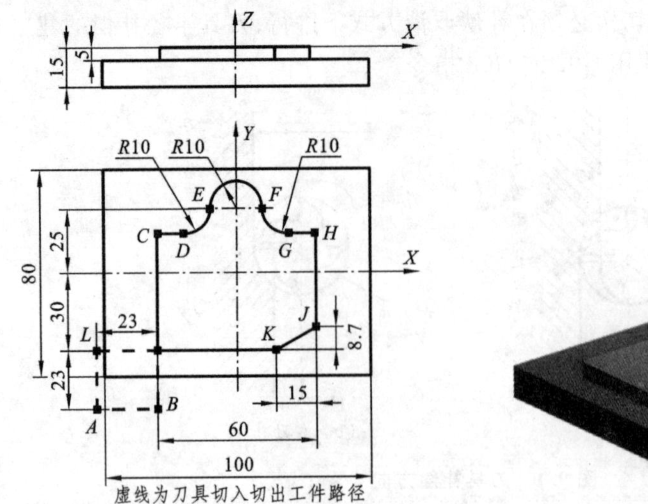

图 9.3 零件图

表 9.1 节点坐标

节　　点	X	Y
A		
B		
C		
D		
E		
F		
G		
H		
J		
K		
L		

表 9.2 精加工程序

程序名	O3
程序头	%3
建立工件坐标系，定位至安全高度	G54 G00 __ 100
主轴正转，转速 1000 r/min	______ ______
到达 A 点	G00 ______ ______
	G00 Z5
刀具下刀至 5 mm	G01 Z－5 F80
从 A 至 B 点，建立刀具半径补偿	G01 X－30 Y－53 F120
从 B 至 C 点	G01 X－30 Y15

续表

从 C 至 D 点	G01　X−20　Y15
从 D 至 E 点	G03　X__　Y25 R__
从 E 至 F 点	G02　X__　Y__　R10
从 F 至 G 点	G03　X__　Y15　R10
从 G 至 H 点	G01　X30　Y__
从 H 至 J 点	G01　X30　Y−21.3
从 J 至 K 点	G01　X__　Y−30
从 K 至 L 点	G01　X__　Y−30
从 L 至 A 点，取消刀具半径补偿	______　G01　X−53
抬刀至安全高度	G00　Z100
主轴停	M05
主程序结束并返回程序头	M30

任务评价

实训素养评价表(共 60 分)

姓名		班级		实训时间	
序号	评价指标	自我评价	教师判定	教师评分	
1	迟到(3 分)	□是　□否	□真实　□不真实	□优秀　□−1 分　□−3 分	
2	早退(3 分)	□是　□否	□真实　□不真实	□优秀　□−1 分　□−3 分	
3	事假(3 分)	□是　□否	□真实　□不真实	□优秀　□−3 分	
4	病假(3 分)	□是　□否	□真实　□不真实	□优秀　□−3 分	
5	旷课(3 分)	□是　□否	□真实　□不真实	□优秀　□−3 分	
6	语言举止文明(3 分)	□是　□否	□真实　□不真实	□优秀　□−1 分　□−3 分	
7	玩手机等电子产品(5 分)	□是　□否	□真实　□不真实	□优秀　□−3 分　□−5 分	
8	服从管理(5 分)	□是　□否	□真实　□不真实	□优秀　□−3 分　□−5 分	
9	工作装规范(5 分)	□是　□否	□真实　□不真实	□优秀　□−3 分　□−5 分	
10	工、量具摆放整齐(5 分)	□是　□否	□真实　□不真实	□优秀　□−3 分　□−5 分	
11	设备保养(4 分)	□是　□否	□真实　□不真实	□优秀　□−2 分　□−4 分	
12	打扫卫生(4 分)	□是　□否	□真实　□不真实	□优秀　□−2 分　□−4 分	
13	请人代编程(3 分)	□是　□否	□真实　□不真实	□优秀　□−3 分	
14	帮人代编程(5 分)	□是　□否	□真实　□不真实	□优秀　□−5 分	
15	完成作业(6 分)	□是　□否	□真实　□不真实	□优秀　□−3 分　□−6 分	
实训素养得分			教师签名		

实训技能评价表(40 分)

姓名		班级		实训时间
序号	评价指标	自我评价或自测尺寸	教师判定或检测尺寸	教师评分
1	数控铣床开机操作(5 分)	□完成 □未完成	□真实 □不真实	□优秀 □−3 分 □−5 分
2	数控铣床手动操作(5 分)	□完成 □未完成	□真实 □不真实	□优秀 □−3 分 □−5 分
3	程序编制(20 分)	□完成 □未完成	□真实 □不真实	□优秀 □−10 分 □−20 分
4	程序检验(10 分)	□完成 □未完成	□真实 □不真实	□优秀 □−5 分 □−10 分
实训技能得分			教师签名	

任务拓展

将图 9.4 所示零件的精加工程序填写在表 9.3 中。

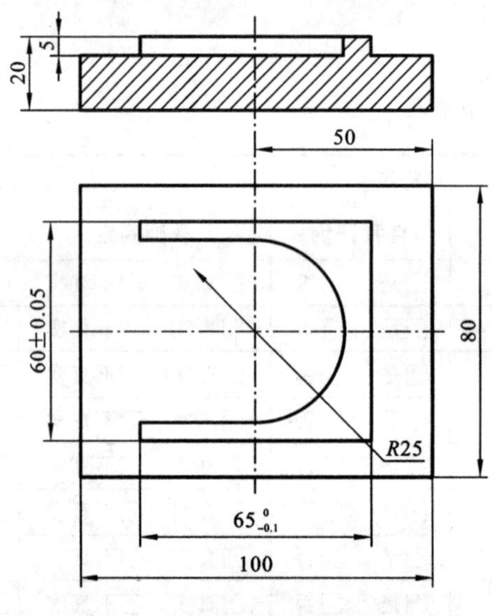

图 9.4 零件图

表 9.3 精加工程序

续表

项目 10

刀具长度补偿指令的应用

实训任务　刀具长度补偿指令 G43、G44、G49 的应用

实训目标

(1) 掌握刀具长度补偿指令 G43、G44、G49 的格式及参数说明；

(2) 刀具长度补偿指令 G43、G44、G49 单段编程及操作。

学一学　学习刀具长度补偿指令 G43、G44、G49

通常，在编程时长度与实际使用的刀具的长度不一定相等，它们之间有一个差值。为了操作及编程方便，可以将该差值存储于 CNC 的刀具偏置存储器中，然后用刀具长度补偿代码补偿该差值。这样，即使使用不同长度的刀具进行加工，只要知道该刀具与编程使用的刀具长度之间的差值，就可以在不修改加工程序的前提下进行正常加工，如图 10.1 所示。

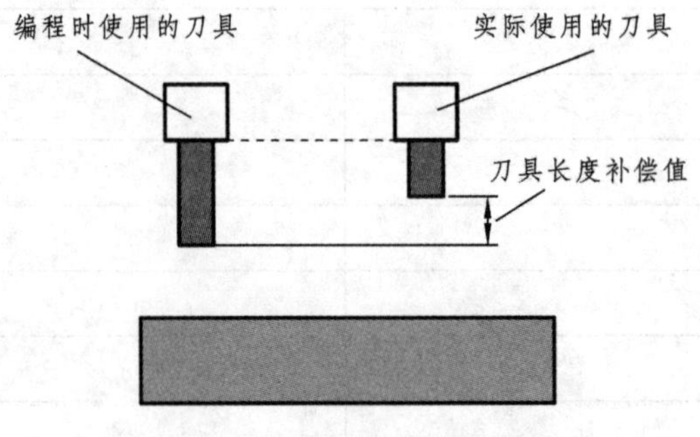

图 10.1　刀具长度补偿示意图

根据可以进行刀具长度补偿的轴的种类，使用如下三种刀具长度补偿的方法，格式如表 10.1 所示。

表10.1　刀具长度补偿格式

类　　型	格　　式
刀具长度补偿A	G43/G44 Z_ H_
刀具长度补偿B	G17 G43/G44 Z_ H_ G18 G43/G44 Y_ H_ G19 G43/G44 X_ H_
刀具长度补偿C	G43/G44 X_ H_ G43/G44 Y_ H_ G43/G44 Z_ H_ ……
刀具长度补偿取消	G49

(1) 刀具长度补偿A:补偿沿基本 *Z* 轴方向的刀具长度值;

(2) 刀具长度补偿B:补偿所选平面的垂直方向的刀具长度值;

(3) 刀具长度补偿C:补偿沿指定轴方向的刀具长度值。

说明:刀具长度补偿由G43和G44指令指定;

G43为刀具长度正向补偿(将刀具长度补偿值加到刀轴方向的理论位置上);

G44为刀具长度负向补偿(在刀轴方向的理论位置上减去刀具长度补偿值);

G17为 *X*-*Y* 平面选择;

G18为 *Z*-*X* 平面选择;

G19为 *Y*-*Z* 平面选择;

H为刀具长度补偿量在刀补表中的编号。

注意:(1) 刀具长度补偿方向总是垂直于G17/G18/G19所选平面;

(2) 偏置号改变时,新的偏置值并不加到旧偏置值上。

(3) G43、G44、G49都是模态代码,可相互注销。

(4) G49后不跟刀补轴移动是非法的。

例 H1:刀具长度补偿量20.0 H2:刀具长度补偿量30.0

"G90 G43 Z100 H01"　*Z* 将达到120;

"G90 G43 Z100 H02"　*Z* 将达到130。

练一练

零件如图10.2所示,已知条件如下:

(1) 采用加工中心完成零件的精加工;

(2) 刀具为 $\phi12$、$\phi8$ 立铣刀;

(3) 曲线槽中心节点坐标如表10.2所示。

在表10.3中填写各节点坐标,完善表10.4中的精加工程序。

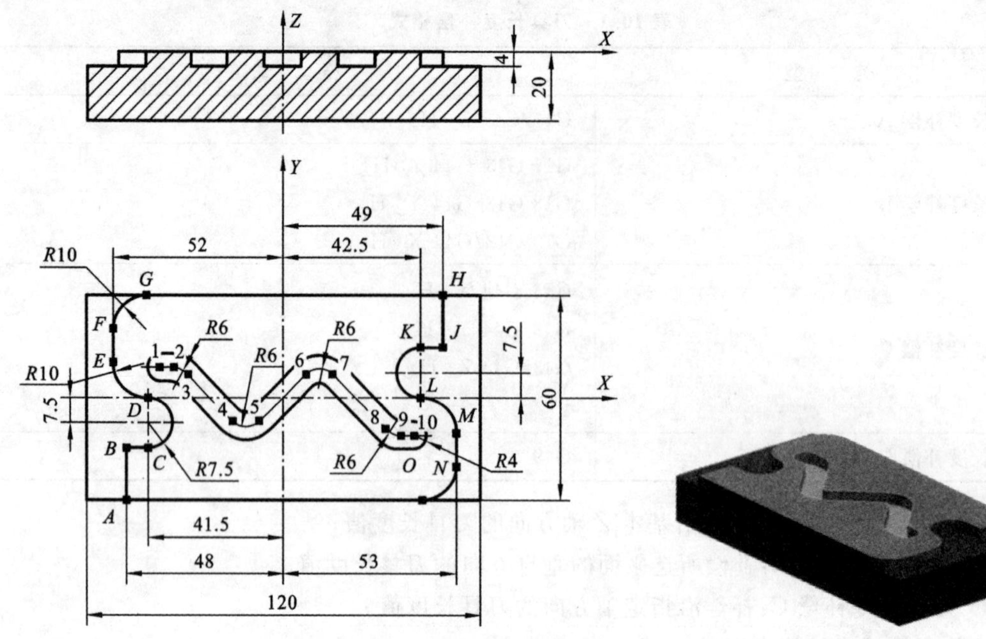

图 10.2　零件图

表 10.2　曲线槽中心节点坐标

	X	Y
1	−37.728	8.757
2	−33.728	8.757
3	−29.485	7
4	−15.485	−7
5	−7	−7
6	7	7
7	15.485	7
8	31.971	−9.485
9	36.213	−11.243
10	40.262	−11.242

表 10.3　节点坐标

节　点	X	Y
A		
B		
C		
D		
E		
F		
G		

续表

节　　点	X	Y
H		
J		
K		
L		
M		
N		
O		

表 10.4　精加工程序

程序名	O3
程序头	%3
换 1 号刀	M06　T01
建立工件坐标系,定位至安全高度,建立长度补偿	G54　G00 __　100 __
主轴正转,转速 1000 r/min	M03　S1000
定位至起刀点	G00　X−54 Y40
快速接近工件	G00　Z5
刀具下刀至 4 mm	______　F80
到达 A 点，建立刀具半径补偿	X−48　Y−30　______　F120
从 A 至 B 点	G01　X−48　Y−15
从 B 至 C 点	G01　______　______
从 C 至 D 点	G03　X __　Y __　R7.5
从 D 至 E 点	G02　X−52　Y10　R __
从 E 至 F 点	G01　X−52　Y20
从 F 至 G 点	G02　X __　Y __　R10
切出工件	G01　X−42　Y45
切削至 H 点延长线上	G01　X49　Y45
切削至 H 点	G01　X49　Y30
从 H 至 J 点	G01　______　______
从 J 至 K 点	G01　X42.5　Y15
从 K 至 L 点	G03　X __　Y __　R7.5
从 L 至 M 点	G02　X52　Y−10　R __
从 M 至 N 点	G01　X __　Y−20
从 N 至 O 点	G02　X42　Y __　R10
切出工件,取消刀具半径补偿	G01　X42　Y−40
抬刀至安全高度,取消长度补偿	G00　Z100
换 2 号刀	M06　T02
Z 轴定位至 50 mm,建立长度补偿	G00　Z50

续表

定位至1点	G00 X-37.728 Y8.757
接近工件	G00 Z5
下刀至4 mm	G01 Z-4 F80
从1至2点	G01 X-33.728 F120
从2至3点	G02 X-29.485 Y7 R__
从3至4点	G01 X-15.485 Y-7
从4至5点	G03 X__ Y__ R6
从5至6点	G01 X7 Y7
从6至7点	G02 X15.485 Y7 R__
从7至8点	G01 Y-9.485
从8至9点	G03 X36.213 Y__ R__
从9至10点	G01 X40.262 Y-11.242
抬刀至安全高度,取消长度补偿	G00 Z100 ________
主轴停	M05
主程序结束并返回程序头	M30

任务评价

实训素养评价表(共60分)

姓名		班级		实训时间	
序号	评价指标	自我评价	教师判定	教师评分	
1	迟到(3分)	□是 □否	□真实 □不真实	□优秀 □-1分 □-3分	
2	早退(3分)	□是 □否	□真实 □不真实	□优秀 □-1分 □-3分	
3	事假(3分)	□是 □否	□真实 □不真实	□优秀 □-3分	
4	病假(3分)	□是 □否	□真实 □不真实	□优秀 □-3分	
5	旷课(3分)	□是 □否	□真实 □不真实	□优秀 □-3分	
6	语言举止文明(3分)	□是 □否	□真实 □不真实	□优秀 □-1分 □-3分	
7	玩手机等电子产品(5分)	□是 □否	□真实 □不真实	□优秀 □-3分 □-5分	
8	服从管理(5分)	□是 □否	□真实 □不真实	□优秀 □-3分 □-5分	
9	工作装规范(5分)	□是 □否	□真实 □不真实	□优秀 □-3分 □-5分	
10	工、量具摆放整齐(5分)	□是 □否	□真实 □不真实	□优秀 □-3分 □-5分	
11	设备保养(4分)	□是 □否	□真实 □不真实	□优秀 □-2分 □-4分	
12	打扫卫生(4分)	□是 □否	□真实 □不真实	□优秀 □-2分 □-4分	
13	请人代编程(3分)	□是 □否	□真实 □不真实	□优秀 □-3分	
14	帮人代编程(5分)	□是 □否	□真实 □不真实	□优秀 □-5分	
15	完成作业(6分)	□是 □否	□真实 □不真实	□优秀 □-3分 □-6分	
实训素养得分			教师签名		

实训技能评价表(40 分)

姓名		班级		实训时间	
序号	评价指标	自我评价或自测尺寸	教师判定或检测尺寸	教师评分	
1	数控铣床开机操作(5 分)	□完成 □未完成	□真实 □不真实	□优秀 □−3 分 □−5 分	
2	数控铣床手动操作(5 分)	□完成 □未完成	□真实 □不真实	□优秀 □−3 分 □−5 分	
3	程序编制(20 分)	□完成 □未完成	□真实 □不真实	□优秀 □−10 分 □−20 分	
4	程序检验(10 分)	□完成 □未完成	□真实 □不真实	□优秀 □−5 分 □−10 分	
实训技能得分			教师签名		

任务拓展

零件如图 10.3 所示，请在表 10.5 中填写零件的精加工程序。

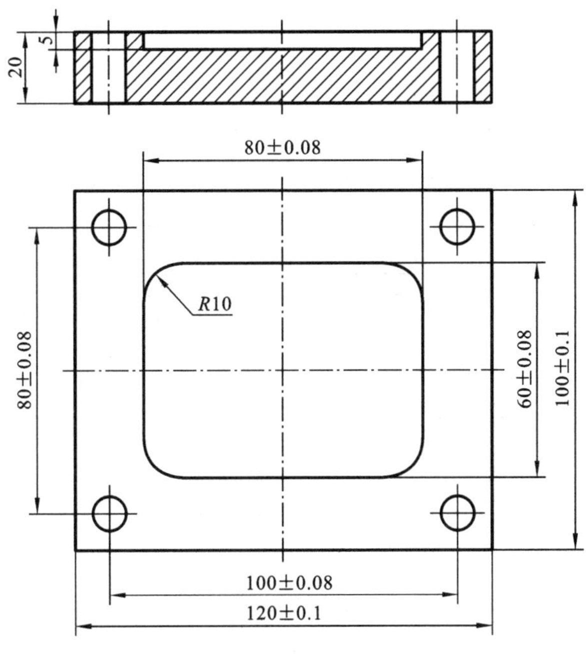

图 10.3 零件图

表 10.5 精加工程序

续表

项目 11

钻孔加工指令的应用

实训任务　钻孔加工指令应用

实训目标

（1）钻孔加工指令的格式及参数说明；

（2）钻孔加工指令单段编程及操作。

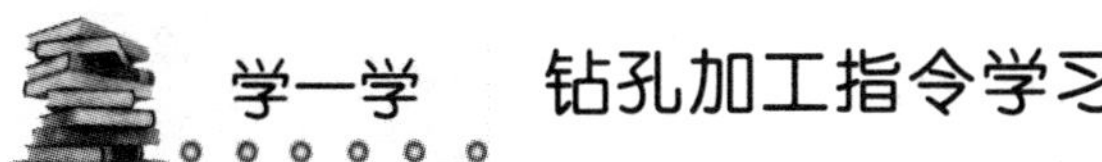

学一学　钻孔加工指令学习

在数控加工中，某些加工动作循环已经典型化。例如，钻孔、镗孔的动作是孔位平面定位、快速进给、工作进给、快速退回等，这样一系列典型的加工动作已经预先编好程序，存储在内存中，可用一个称为固定循环的 G 代码程序段调用，从而简化编程工作。

1. 孔加工动作构成

孔加工固定循环指令有 G73、G74、G76、G80～G89，通常由下述 6 个动作构成（见图 11.1）：

（1）*X*、*Y* 轴定位；

（2）定位到 *R* 点（定位方式取决于上次是 G00 还是 G01）；

（3）孔加工；

（4）在孔底的动作；

（5）退回到 *R* 点（参考点）；

（6）快速返回到初始点。

固定循环的数据表达形式可以用绝对坐标（G90）和相对坐标（G91）表示，如图 11.2 所示，其中图(a)是采用 G90 的表示，图(b)是采用 G91 的表示。图中，实线表示切削进给，虚线表示快速进给。

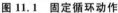

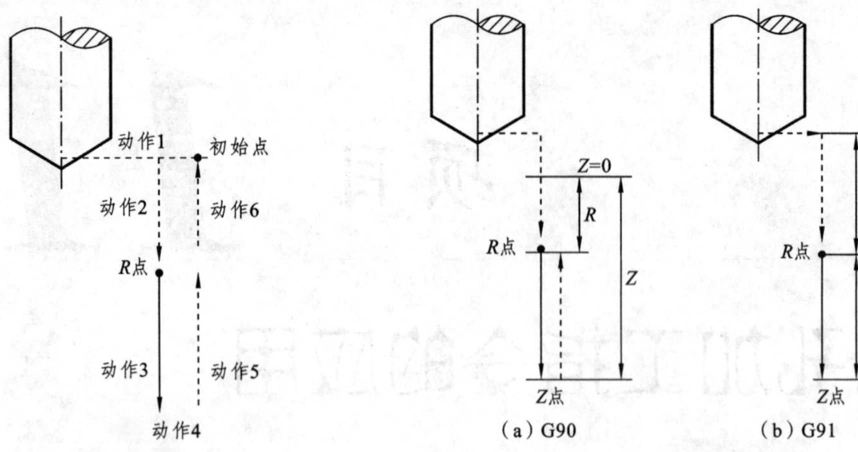

图 11.1 固定循环动作

图 11.2 固定循环的数据形式

2. 孔加工指令格式和说明

固定循环的程序格式包括数据形式、返回点平面、孔加工方式、孔位置数据、孔加工数据和循环次数。数据形式(G90 或 G91)在程序开始时就已指定,因此,在固定循环程序格式中可不注出。

格式:$\begin{Bmatrix} \text{G98} \\ \text{G99} \end{Bmatrix}$G_X_Y_Z_R_Q_P_I_J_K_F_L_

说明:G98 为返回初始平面;

G99 为返回 *R* 点所在平面;

G 为固定循环代码 G73、G74、G76 和 G81～G89 之一;

X、Y 为加工起点到孔位的距离(G91)或孔位坐标(G90);

R 为初始点到 *R* 点的距离(G91)或 *R* 点的坐标(G90);

Z 为 *R* 点到孔底的距离(G91)或孔底坐标(G90);

Q 为每次进给深度(G73/G83);

I、J 为刀具在轴反向位移增量(G76/G87);

P 为刀具在孔底的暂停时间;

F 为切削进给速度;

L 为固定循环的次数。

G73、G74、G76 和 G81～G89、Z、R、P、F、Q、I、J、K 是模态指令。用 G80、G01～G03 等代码可以取消固定循环。

3. 使用固定循环时应注意的问题

(1) 在固定循环指令前应使用 M03 或 M04 指令使主轴回转;

(2) 在固定循环程序段中,X、Y、Z、R 数据里应至少有一个指令才能进行孔加工;

(3) 在使用控制主轴回转的固定循环(G74、G84、G86)中,如果连续加工一些孔间距比较小或者初始平面到 *R* 点平面的距离比较短的孔,会出现在进入孔的切削动作前主轴还没有达到正常转速的情况,此时应在各孔的加工动作之间插入 G04 指令,以获得时间;

（4）当用G00～G03指令注销固定循环时，若G00～G03指令和固定循环出现在同一程序段，按后出现的指令运行；

（5）在固定循环程序段中，如果指定了M，则在最初定位时送出M信号，等待M信号完成，才能进行孔加工循环。

4. 各指令的功能

（1）取消固定循环指令G80：该指令能取消固定循环，同时*R*点和*Z*点也被取消。

（2）高速深孔加工循环指令G73的格式为：

$$\begin{Bmatrix} G98 \\ G99 \end{Bmatrix} G73\ X\_\ Y\_\ Z\_\ R\_\ Q\_\ P\_\ K\_\ F\_\ L\_$$

说明：Q为每次进给深度；K为每次退刀距离。

G73用于Z轴的间歇进给，使深孔加工时容易排屑，减少退刀量，可以进行高效率的加工。

G73指令动作循环如图11.3(a)所示。

注意：Z、K、Q移动量为零时，G73指令不执行。

例1　使用G73指令编制如图11.3所示深孔加工程序。设刀具起点距工件上表面42 mm，距孔底80 mm，在距工件上表面2 mm处（*R*点）由快进转换为工进，每次进给深度10 mm，每次退刀距离5 mm。

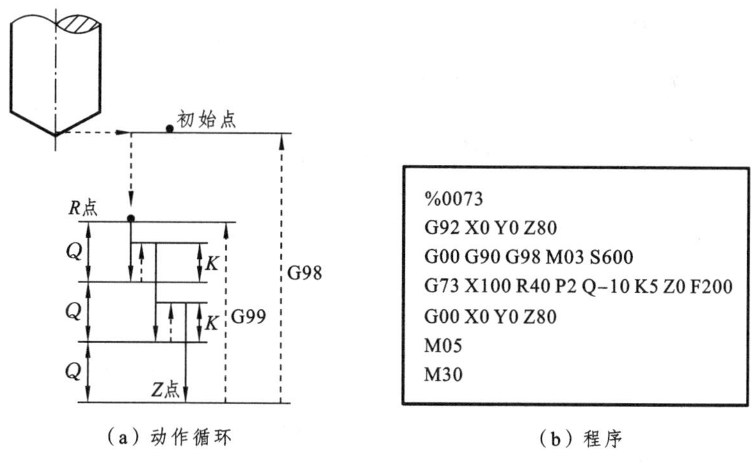


```
%0073
G92 X0 Y0 Z80
G00 G90 G98 M03 S600
G73 X100 R40 P2 Q-10 K5 Z0 F200
G00 X0 Y0 Z80
M05
M30
```

(b) 程序

图11.3　G73指令动作图与G73编程

（3）钻孔循环（中心钻）指令G81的格式为：

$$\begin{Bmatrix} G98 \\ G99 \end{Bmatrix} G81\ X\_\ Y\_\ Z\_\ R\_\ F\_\ L\_$$

说明：G81钻孔动作循环，包括*X*,*Y*坐标定位、快进、工进和快速返回等动作。

G81指令动作循环如图11.4(a)所示。

注意：如果*Z*的移动量为零，该指令不执行。

例2　使用G81指令编制如图11.4(b)所示钻孔加工程序。设刀具起点距工件上表面42 mm，距孔底50 mm，在距工件上表面2 mm处（*R*点）由快进转换为工进。

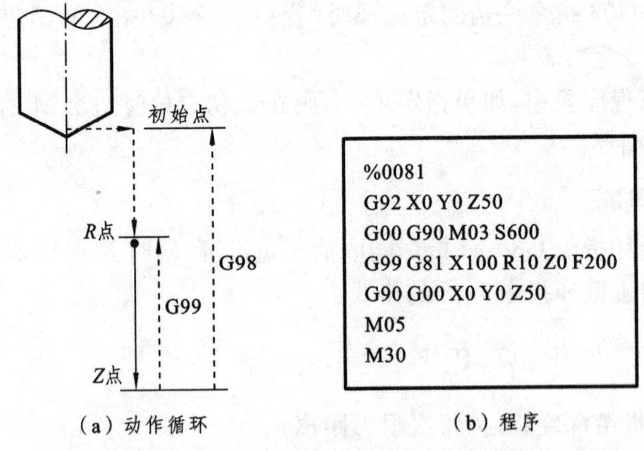

图 11.4 G81 **指令动作图及** G81 **编程**

(4) 带停顿的钻孔循环指令 G82 的格式为：

$\begin{Bmatrix} G98 \\ G99 \end{Bmatrix}$ G82 X_ Y_ Z_ R_ P_ F_ L_

说明：G82 指令除了要在孔底暂停外，其他动作与 G81 相同。暂停时间由地址 P 给出。G82 指令主要用于加工盲孔，以提高孔底精度。

注意：如果 *Z* 的移动量为零，该指令不执行。

(5) 深孔加工循环指令 G83 的格式为：

$\begin{Bmatrix} G98 \\ G99 \end{Bmatrix}$ G83 X_ Y_ Z_ R_ Q_ P_ K_ F_ L_

说明：Q 为每次进给深度；K 为每次退刀后，再次进给时，由快速进给转换为切削进给时距上次加工面的距离。G83 指令动作循环如图 11.5(a)所示。

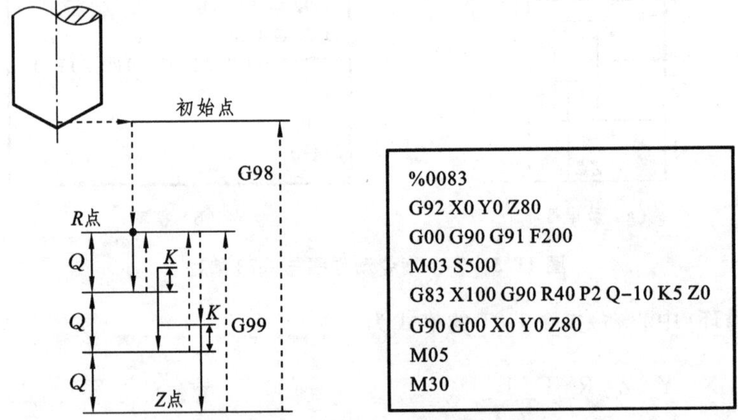

图 11.5 G83 **指令动作图及** G83 **编程**

注意：Z、K、Q 移动量为零时，该指令不执行。

例 3 使用 G83 指令编制如图 11.5(b)所示深孔加工程序。设刀具起点距工件上表面 42 mm，距孔底 80 mm，在距工件上表面 2 mm 处(*R* 点)由快进转换为工进，每次进给深度 10 mm，每次退刀后，再由快速进给转换为切削进给时距上次加工面的距离 5 mm。

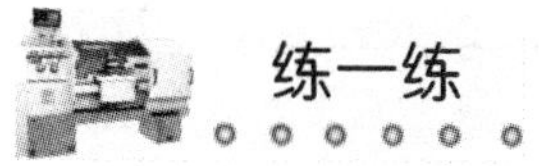

练一练

操作一：钻中心孔循环指令 G81 的应用。

根据图 11.6 所示零件图中已知条件，填写表 11.1 的节点坐标，完善表 11.2 中的精加工程序，完成程序并校验操作。

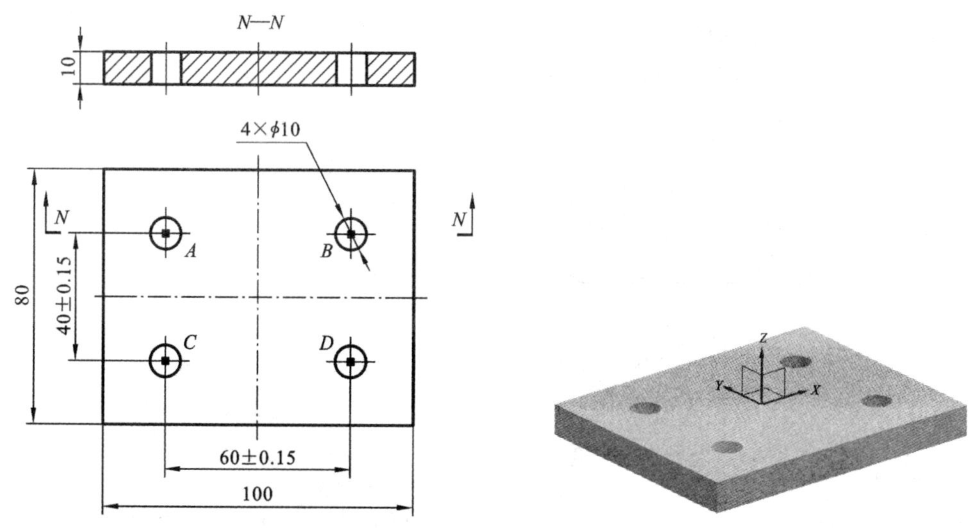

图 11.6 零件图

表 11.1 节点坐标

节　　点	X	Y
A		
B		
C		
D		

表 11.2 精加工程序

程序名	O1
程序头	%1
建立工件坐标系，定位至安全高度	G00　Z100
主轴正转，转速 1000 r/min	M03　S1000
打开冷却液	
到达 A 点	G00
	G00　Z5
加工孔 A	X−30　Y20　F60
加工孔 B	
加工孔 D	

续表

加工孔 *C*	
抬刀至安全高度	G00　Z100
主轴停	M05
冷却液关	M09
主程序结束并返回程序头	M30

操作二:高速深孔钻削循环指令 G73 的应用。

根据图 11.7 所示零件的已经条件,填写表 11.3 中的节点坐标,完善表 11.4 中的精加工程序,并完成程序校验操作。

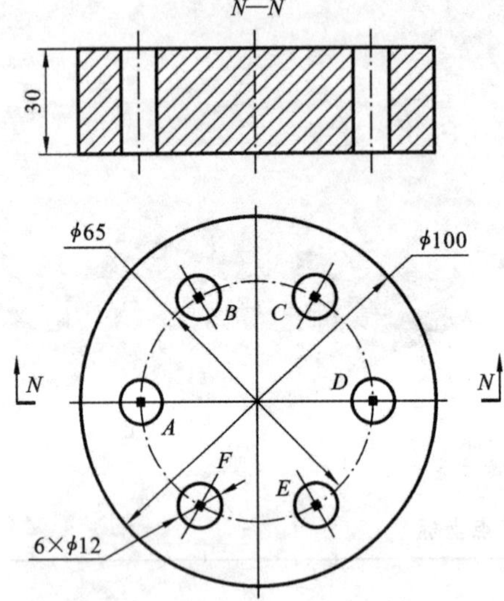

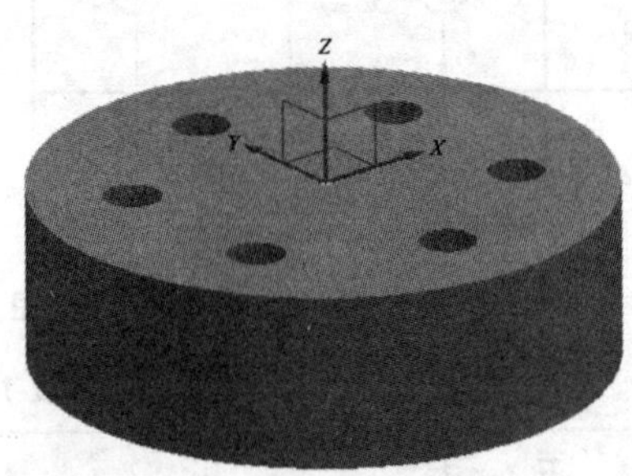

图 11.7　零件图

表 11.3　节点坐标

节　　点	*X*	*Y*
A	−32.5	0
B	−16.25	28.146
C		
D		
E		
F		

表 11.4　精加工程序

程序名	O1
程序头	%1
建立工件坐标系,定位至安全高度	G54　G00　Z100
主轴正转,转速 1000 r/min	

续表

打开冷却液	
到达 *A* 点	G00 X－32.5 Y0
	G00 Z5
加工孔 *A*	X－32.5 Y0 F60
加工孔 *B*	
加工孔 *C*	
加工孔 *D*	
加工孔 *E*	
加工孔 *F*	
抬刀至安全高度	G00 Z100
主轴停	M05
冷却液关	M09
主程序结束并返回程序头	M30

任务评价

实训素养评价表(共 60 分)

姓名		**班级**		**实训时间**	
序号	**评价指标**	**自我评价**	**教师判定**	**教师评分**	
1	迟到(3 分)	□是 □否	□真实 □不真实	□优秀 □－1 分 □－3 分	
2	早退(3 分)	□是 □否	□真实 □不真实	□优秀 □－1 分 □－3 分	
3	事假(3 分)	□是 □否	□真实 □不真实	□优秀 □－3 分	
4	病假(3 分)	□是 □否	□真实 □不真实	□优秀 □－3 分	
5	旷课(3 分)	□是 □否	□真实 □不真实	□优秀 □－3 分	
6	语言举止文明(3 分)	□是 □否	□真实 □不真实	□优秀 □－1 分 □－3 分	
7	玩手机等电子产品(5 分)	□是 □否	□真实 □不真实	□优秀 □－3 分 □－5 分	
8	服从管理(5 分)	□是 □否	□真实 □不真实	□优秀 □－3 分 □－5 分	
9	工作装规范(5 分)	□是 □否	□真实 □不真实	□优秀 □－3 分 □－5 分	
10	工、量具摆放整齐(5 分)	□是 □否	□真实 □不真实	□优秀 □－3 分 □－5 分	
11	设备保养(4 分)	□是 □否	□真实 □不真实	□优秀 □－2 分 □－4 分	
12	打扫卫生(4 分)	□是 □否	□真实 □不真实	□优秀 □－2 分 □－4 分	
13	请人代编程(3 分)	□是 □否	□真实 □不真实	□优秀 □－3 分	
14	帮人代编程(5 分)	□是 □否	□真实 □不真实	□优秀 □－5 分	
15	完成作业(6 分)	□是 □否	□真实 □不真实	□优秀 □－3 分 □－6 分	
实训素养得分			**教师签名**		

实训技能评价表(40分)

姓名		班级		实训时间	
序号	评价指标	自我评价或自测尺寸	教师判定或检测尺寸	教师评分	
1	数控铣床开机操作(5分)	□完成 □未完成	□真实 □不真实	□优秀 □−3分 □−5分	
2	数控铣床手动操作(5分)	□完成 □未完成	□真实 □不真实	□优秀 □−3分 □−5分	
3	程序编制(20分)	□完成 □未完成	□真实 □不真实	□优秀 □−10分 □−20分	
4	程序检验(10分)	□完成 □未完成	□真实 □不真实	□优秀 □−5分 □−10分	
实训技能得分			教师签名		

任务拓展 选择题

1. 标准麻花钻的锋角为(　　)。

A. 118°　　B. 35°～40°　　C. 50°～55°　　D. 60°

2. 钻孔指令G73和G83指令中Q值为(　　)。

A. 钻孔深度　　B. 每次钻孔深度　　C. 每次抬刀高度　　D. 暂停时间

3. 钻花几何形状必须刃磨正确,两切削刃要保持______。钻头后角______,会产生"扎刀"现象,引起颤振,使钻出的孔呈多角形。应修磨横刃,以______钻孔轴向力。(　　)

A. 对称　过大　减小　　B. 一致　过大　增大

C. 过大　增大　减小　　D. 过大　减小　对称

4. 合理选择钻头几何参数和钻削用量,按钻孔深度要求,应尽量缩短钻头长度、加大钻心厚度以增加刚性。使用高速钢钻头时,切削速度不可______,以防烧坏刀刃。进给量不宜______,以防钻头磨损加剧或使孔钻偏,在切入和切出时进给量应适当。(　　)

A. 过高　调小　B. 过低　过大　　C. 过大　增大　　D. 调小　调高

项目 12

镗孔加工指令的应用

实训任务　镗孔加工指令应用

实训目标

(1) 镗孔加工指令的格式及参数说明；

(2) 镗孔加工指令的单段编程及操作。

学一学　镗孔加工指令学习

1. 精镗循环指令 G76

格式：$\begin{Bmatrix} \text{G98} \\ \text{G99} \end{Bmatrix}$G76 X_ Y_ Z_ R_ P_ I_ J_ F_ L_

说明：I 为 *X* 轴刀尖反向位移量；J 为 *Y* 轴刀尖反向位移量。

用 G76 指令精镗时，主轴在孔底定向停止后，向刀尖反方向移动，然后快速退刀。这种带有让刀动作的退刀不会划伤已加工平面，保证了镗孔精度。

G76 指令动作循环如图 12.1(a)所示。

注意：如果 *Z* 的移动量为零，该指令不执行。

例 1　使用 G76 指令编制如图 12.1(b)所示精镗加工程序。设刀具起点距工件上表面 42 mm，距孔底 50 mm，在距工件上表面 2 mm 处(*R* 点)由快进转换为工进。

2. 反镗循环指令 G87

格式：$\begin{Bmatrix} \text{G98} \\ \text{G99} \end{Bmatrix}$G87 X_ Y_ Z_ R_ P_ I_ J_ F_ L_

说明：I 为 *X* 轴刀尖反向位移量；J 为 *Y* 轴刀尖反向位移量。

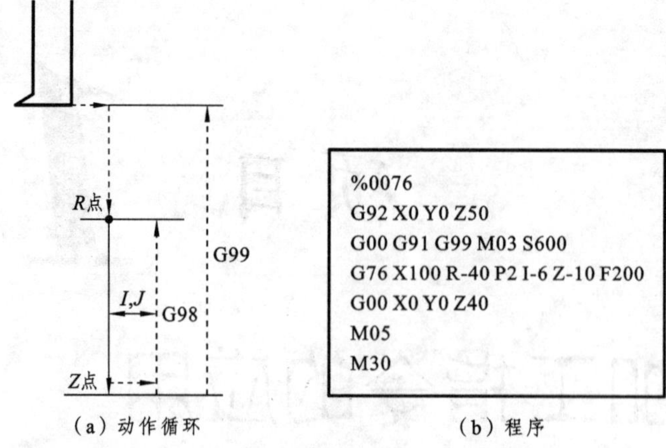

（a）动作循环　　（b）程序

图 12.1　G76 指令动作图及 G76 编程

G87 指令动作循环如图 12.2(a)所示。描述如下：

- 在 X、Y 轴定位；
- 主轴定向停止；
- 在 X、Y 方向分别向刀尖的反方向移动 I、J 值；
- 定位到 R 点(孔底)；
- 在 X、Y 方向分别向刀尖方向移动 I、J 值；
- 主轴正转；
- 在 Z 轴正方向上加工至 Z 点；
- 主轴定向停止；
- 在 X、Y 方向分别向刀尖反方向移动 I、J 值；
- 返回到初始点(只能用 G98)；
- 在 X、Y 方向分别向刀尖方向移动 I、J 值；
- 主轴正转。

注意:如果 Z 的移动量为零,该指令不执行。

例 2　使用 G87 指令编制如图 12.2(b)所示反镗加工程序。设刀具起点距工件上表面 40 mm,距孔底(R 点)80 mm。

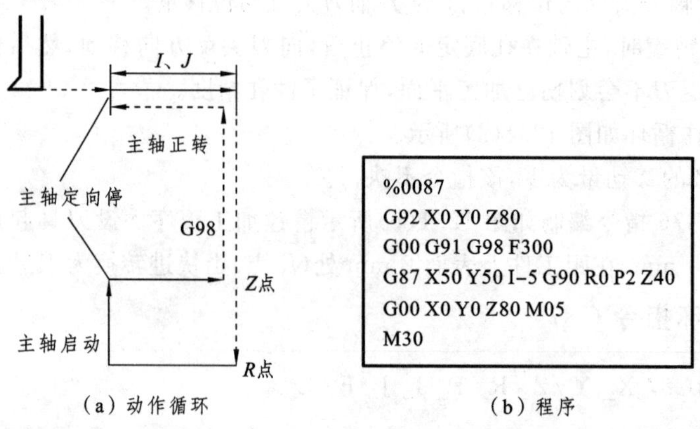

（a）动作循环　　（b）程序

图 12.2　G87 指令动作图及 G87 编程

3. 镗孔循环指令 G88

格式：$\begin{Bmatrix} \text{G98} \\ \text{G99} \end{Bmatrix}$G88 X_ Y_ Z_ R_ P_ F_ L_

说明：G88 指令动作循环如图 12.3(a)所示，描述如下：

- 在 X、Y 轴定位；
- 定位到 R 点；
- 在 Z 轴正方向上加工至 Z 点(孔底)；
- 暂停后主轴停止；
- 转换为手动状态，手动将刀具从孔中退出；
- 返回到初始平面；
- 主轴正转。

注意：如果 Z 的移动量为零，该指令不执行。

例 3　使用 G88 指令编制如图 12.3(b)所示镗孔加工程序。设刀具起点距 R 点 40 mm，距孔底 80 mm。

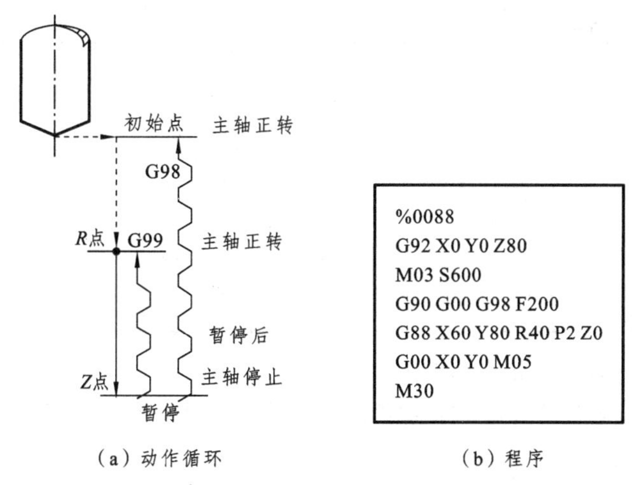

(a) 动作循环　　　　(b) 程序

图 12.3　G88 **指令动作图及** G88 **编程**

4. 镗孔循环指令 G89

G89 指令的格式与 G86 指令相同，但在孔底有暂停。

注意：如果 Z 的移动量为零，G89 指令不执行。

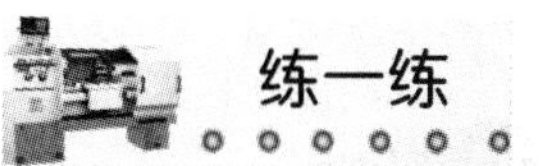

练一练

操作一：精镗循环指令 G76 的应用。

根据图 12.4 所示零件的已知条件，完善表 12.1 中的零件加工程序，并完成程序校验操作。

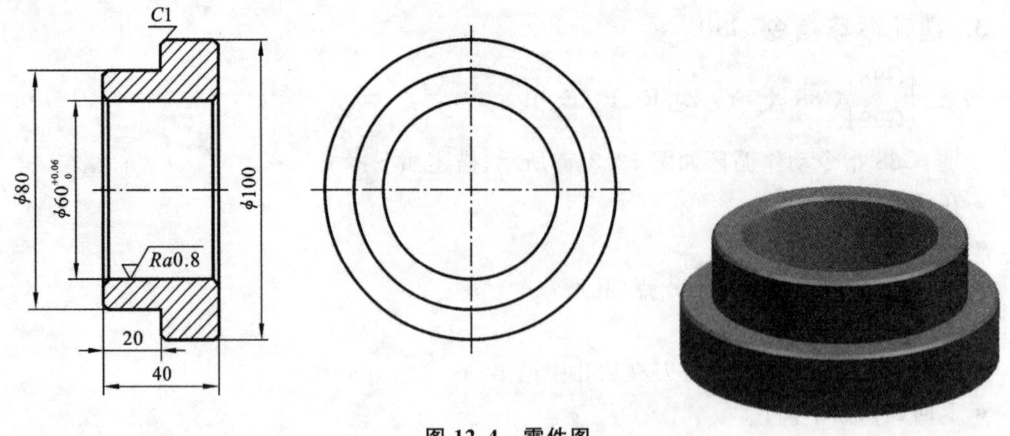

图 12.4 零件图

表 12.1 精加工程序

程序名	O4
程序头	%4
建立工件坐标系,定位至安全高度	G54 G00 Z100
主轴正转,转速 1000 r/min	M03 S1000
打开冷却液	M07
到达孔中心	G00 X0 Y0
	G00 Z5
加工孔	______ F60
抬刀至安全高度	G00 100
主轴停	
冷却液关	
主程序结束并返回程序头	M30

操作二:反镗循环指令 G87 的应用。

根据图 12.5 所示零件的已知条件,完善表 12.2 中的零件加工程序,并完成程序校验操作。

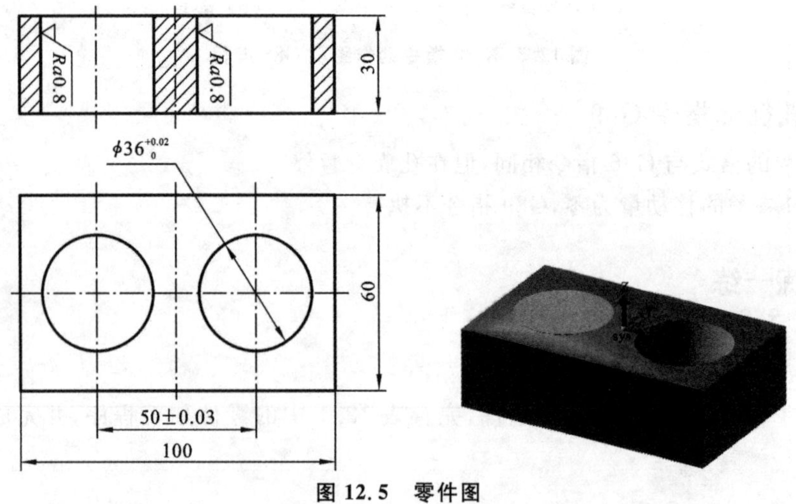

图 12.5 零件图

表 12.2 精加工程序

程序名	O4
程序头	%4
建立工件坐标系，定位至安全高度	G54 G00 Z100
主轴正转，转速 1000 r/min	M03 S1000
打开冷却液	M07
到达孔中心	G00 X0 Y0
接近公家	G00 Z5
加工孔	______________ F60
抬刀至安全高度	G00 __ 100
主轴停	
冷却液关	
主程序结束并返回程序头	M30

任务评价

实训素养评价表(共 60 分)

姓名			班级		实训时间	
序号	评价指标	自我评价		教师判定		教师评分
1	迟到(3 分)	□是 □否		□真实 □不真实		□优秀 □−1 分 □−3 分
2	早退(3 分)	□是 □否		□真实 □不真实		□优秀 □−1 分 □−3 分
3	事假(3 分)	□是 □否		□真实 □不真实		□优秀 □−3 分
4	病假(3 分)	□是 □否		□真实 □不真实		□优秀 □−3 分
5	旷课(3 分)	□是 □否		□真实 □不真实		□优秀 □−3 分
6	语言举止文明(3 分)	□是 □否		□真实 □不真实		□优秀 □−1 分 □−3 分
7	玩手机等电子产品(5 分)	□是 □否		□真实 □不真实		□优秀 □−3 分 □−5 分
8	服从管理(5 分)	□是 □否		□真实 □不真实		□优秀 □−3 分 □−5 分
9	工作装规范(5 分)	□是 □否		□真实 □不真实		□优秀 □−3 分 □−5 分
10	工、量具摆放整齐(5 分)	□是 □否		□真实 □不真实		□优秀 □−3 分 □−5 分
11	设备保养(4 分)	□是 □否		□真实 □不真实		□优秀 □−2 分 □−4 分
12	打扫卫生(4 分)	□是 □否		□真实 □不真实		□优秀 □−2 分 □−4 分
13	请人代编程(3 分)	□是 □否		□真实 □不真实		□优秀 □−3 分
14	帮人代编程(5 分)	□是 □否		□真实 □不真实		□优秀 □−5 分
15	完成作业(6 分)	□是 □否		□真实 □不真实		□优秀 □−3 分 □−6 分
实训素养得分				教师签名		

实训技能评价表(40 分)

姓名			班级		实训时间	
序号	评价指标		自我评价或自测尺寸		教师判定或检测尺寸	教师评分
1	数控铣床开机操作(5 分)		□完成 □未完成		□真实 □不真实	□优秀 □－3 分 □－5 分
2	数控铣床手动操作(5 分)		□完成 □未完成		□真实 □不真实	□优秀 □－3 分 □－5 分
3	程序编制(20 分)		□完成 □未完成		□真实 □不真实	□优秀 □－10 分 □－20 分
4	程序检验(10 分)		□完成 □未完成		□真实 □不真实	□优秀 □－5 分 □－10 分
实训技能得分					教师签名	

任务拓展 选择题

1. 精加工时，镗削用量选择的总原则是（　　）。

A. 先效率，后精度　　B. 先精度，后效率　　C. 只考虑效率

2. 精加工时后角选择应较粗加工前（　　）。

A. 大　　B. 小　　C. 不变　　D. 以上都正确

3. 采用镗孔加工指令 G76 和 G87 镗孔时，需要机床主轴具备（　　）功能。

A. 主轴定向　　B. 主轴点动　　C. 主轴制动　　D. 主轴反转

项目 13

攻丝指令的应用

实训任务　攻丝加工指令应用

实训目标

(1) 攻丝加工指令格式及参数说明；

(2) 攻丝加工指令单段编程及操作。

学一学　攻丝加工指令学习

1. 反攻丝循环指令 G74

格式：$\begin{Bmatrix} G98 \\ G99 \end{Bmatrix}$G74 X_ Y_ Z_ R_ P_ F_ L_

说明：G74 攻反螺纹时主轴反转，到孔底时主轴正转，然后退回。

G74 指令动作循环如图 13.1(a)所示。

注意：(1) 攻丝时速度倍率、进给保持均不起作用；

(2) *R* 应选在距工件表面 7 mm 以上的地方；

(3) 如果 *Z* 的移动量为零，该指令不执行。

例　使用 G74 指令编制如图 13.1(b)所示反螺纹攻丝加工程序。设刀具起点距工件上表面 48 mm，距孔底 60 mm，在距工件上表面 8 mm 处(*R* 点)由快进转换为工进。

2. 攻丝循环指令 G84

格式：$\begin{Bmatrix} G98 \\ G99 \end{Bmatrix}$G84 X_ Y_ Z_ R_ P_ F_ L_

说明：G84 攻螺纹时从 *R* 点到 *Z* 点主轴正转，在孔底暂停后，主轴反转，然后退回。

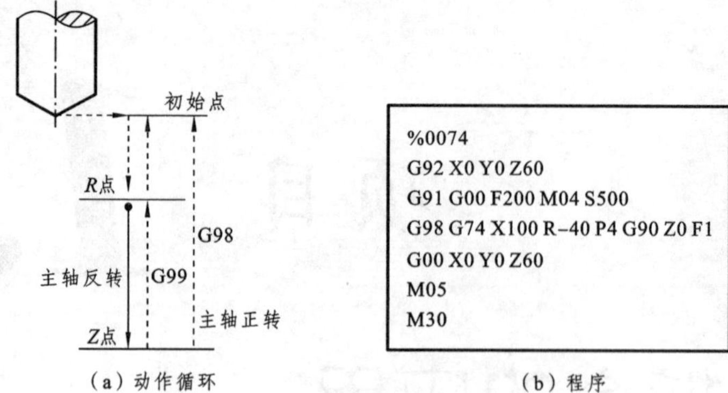

（a）动作循环　　（b）程序

图 13.1　G74 指令动作图及 G74 编程

G84 指令动作循环如图 13.2(a)所示。

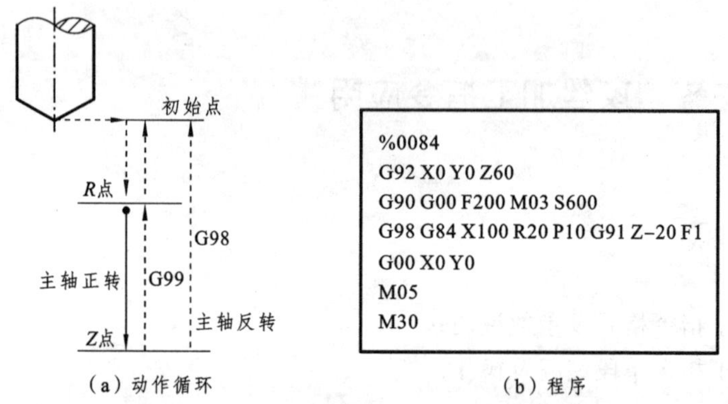

（a）动作循环　　（b）程序

图 13.2　G84 指令动作图及 G84 编程

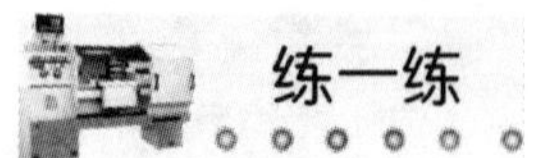

任务：攻丝加工指令的应用。

根据图 13.3 所示零件的已知条件，完善表 13.1 中的零件精加工程序，并完成程序校验操作。

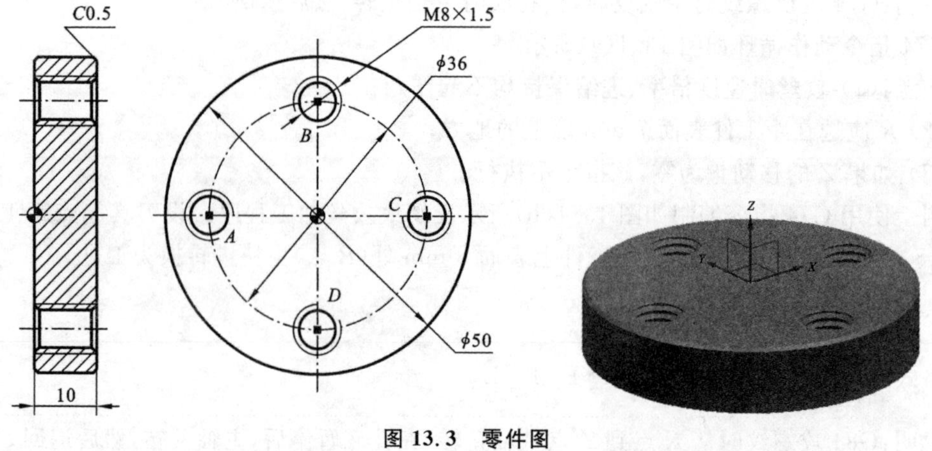

图 13.3　零件图

表 13.1 精加工程序

程序名	O6
程序头	%6
建立工件坐标系,定位至安全高度	G54 G00 Z100
主轴正转,转速 100 r/min	
打开冷却液	M07
到达孔 *A*	G00 X-18 Y0
	G00 Z5
加工孔 *A*	
加工孔 *B*	
加工孔 *C*	
加工孔 *D*	
抬刀至安全高度	G00 Z100
主轴停	M05
冷却液关	M09
主程序结束并返回程序头	M30

实训素养评价表(共 60 分)

姓名		班级		实训时间	
序号	评价指标	自我评价	教师判定	教师评分	
1	迟到(3 分)	□是 □否	□真实 □不真实	□优秀 □-1 分 □-3 分	
2	早退(3 分)	□是 □否	□真实 □不真实	□优秀 □-1 分 □-3 分	
3	事假(3 分)	□是 □否	□真实 □不真实	□优秀 □-3 分	
4	病假(3 分)	□是 □否	□真实 □不真实	□优秀 □-3 分	
5	旷课(3 分)	□是 □否	□真实 □不真实	□优秀 □-3 分	
6	语言举止文明(3 分)	□是 □否	□真实 □不真实	□优秀 □-1 分 □-3 分	
7	玩手机等电子产品(5 分)	□是 □否	□真实 □不真实	□优秀 □-3 分 □-5 分	
8	服从管理(5 分)	□是 □否	□真实 □不真实	□优秀 □-3 分 □-5 分	
9	工作装规范(5 分)	□是 □否	□真实 □不真实	□优秀 □-3 分 □-5 分	
10	工、量具摆放整齐(5 分)	□是 □否	□真实 □不真实	□优秀 □-3 分 □-5 分	
11	设备保养(4 分)	□是 □否	□真实 □不真实	□优秀 □-2 分 □-4 分	
12	打扫卫生(4 分)	□是 □否	□真实 □不真实	□优秀 □-2 分 □-4 分	
13	请人代编程(3 分)	□是 □否	□真实 □不真实	□优秀 □-3 分	
14	帮人代编程(5 分)	□是 □否	□真实 □不真实	□优秀 □-5 分	
15	完成作业(6 分)	□是 □否	□真实 □不真实	□优秀 □-3 分 □-6 分	
实训素养得分			教师签名		

实训技能评价表(40 分)

姓名			班级		实训时间	
序号	评价指标		自我评价或自测尺寸	教师判定或检测尺寸	教师评分	
1	数控铣床开机操作(5 分)		□完成 □未完成	□真实 □不真实	□优秀 □−3 分 □−5 分	
2	数控铣床手动操作(5 分)		□完成 □未完成	□真实 □不真实	□优秀 □−3 分 □−5 分	
3	程序编制(20 分)		□完成 □未完成	□真实 □不真实	□优秀 □−10 分 □−20 分	
4	程序检验(10 分)		□完成 □未完成	□真实 □不真实	□优秀 □−5 分 □−10 分	
实训技能得分				教师签名		

任务拓展　选择题

1. G74 为攻______旋螺纹,G84 为攻______旋螺纹。(　　)

A. 右　左　　　B. 左　右

2. 执行 G74 攻螺纹时,主轴切削______,______退出;执行 G84 攻螺纹时,主轴切削______,______退出。(　　)

A. 反转　正转　正转　反转　　　B. 正转　反转　正转　反转

C. 反转　反转　正转　正转　　　D. 反转　停转　正转　停转

3. 一般情况下,______的螺纹孔可在加工中心上完成攻螺纹。(　　)

A. M55 以上　　B. M6 以下、M2 以上　　C. M40　　D. M6 以上、M20 以下

4. 在 G74 与 G84 攻螺纹期间,进给倍率、进给保持均______。(　　)

A. 有效　　B. 无效　　C. 有影响　　D. 无影响

项目 14

调用子程序指令的应用

实训任务　调用子程序指令应用

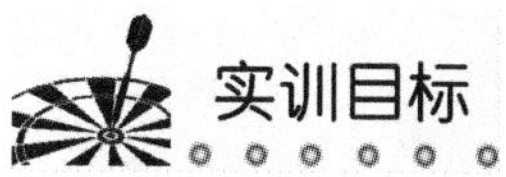

实训目标

（1）掌握调用子程序指令的格式及参数说明；

（2）调用子程序指令的单段编程及操作。

学一学　调用子程序指令 M98、M99 学习

M98 用来调用子程序。M99 表示子程序结束，执行 M99 使控制返回到主程序。

（1）子程序指令的使用方法。

格式：% * * * *

　　……

　　M99

说明：在子程序开头，必须规定子程序号，以作为调用入口地址。在子程序的结尾用 M99，以控制执行完该子程序后返回主程序。

（2）调用子程序指令 M98。

格式：M98 P_ L_

说明：P 为被调用的子程序号；

L 为重复调用次数。

（3）子程序执行过程。

当一个程序中有固定加工操作重复出现时，可将这部分操作作为子程序事先输入到程序中，以简化编程，如图 14.1 所示。

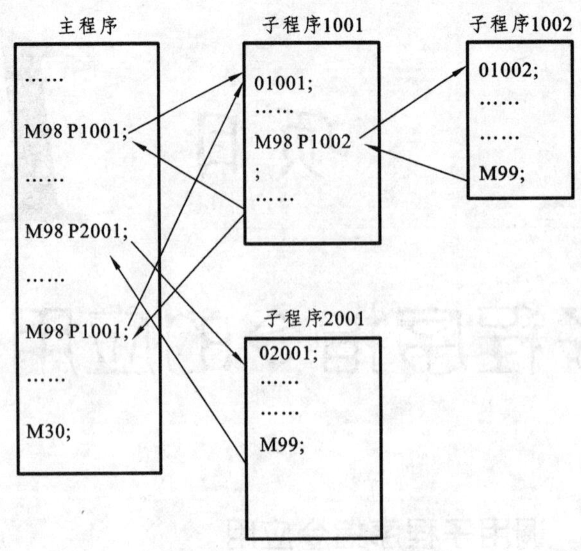

图 14.1 子程序执行过程

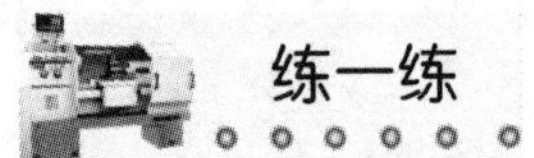

加工图 14.2 所示的零件，已知刀具为 $\phi8$ 立铣刀，零件材料为硬铝合金，完善表 14.1 中的精加工程序。

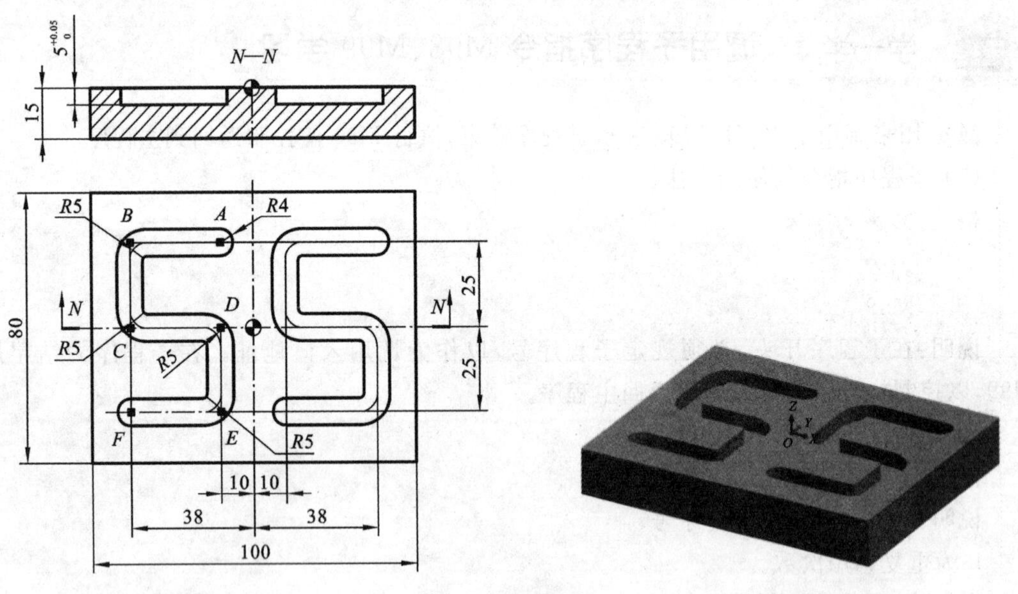

图 14.2 零件图

表 14.1　精加工程序

程序名	O98
程序头	%98
建立工件坐标系,定位至安全高度	G54　G00　Z100
主轴正转,转速 1200 r/min	M03　S1200
到达 *A* 点	G00　______　______
定位至工件上表面 5 mm 处	G00　Z5
调用子程序	
抬刀至工件上表面 5 mm 处	G90　G00　Z5
定位第二段沟槽起点处	
调用子程序	
抬刀至安全高度	G00　Z100
主轴停	M05
主程序结束并返回程序头	M30
子程序号	
A 点处下刀	
从 *A* 至 *B* 点	G01 X__ Y__ R5 F80
从 *B* 至 *C* 点	G01 X0 Y−25
从 *C* 至 *D* 点	G01 X__ Y__ R5
从 *D* 至 *E* 点	G01 X0 Y−25
从 *E* 至 *F* 点	G01 X__ Y__ R5
抬刀至工件上表面 5 mm 处	G00　Z10
子程序结束	

任务评价

实训素养评价表(共 60 分)

姓名		班级		实训时间	
序号	评价指标	自我评价	教师判定	教师评分	
1	迟到(3 分)	□是　□否	□真实　□不真实	□优秀　□−1 分　□−3 分	
2	早退(3 分)	□是　□否	□真实　□不真实	□优秀　□−1 分　□−3 分	
3	事假(3 分)	□是　□否	□真实　□不真实	□优秀　□−3 分	
4	病假(3 分)	□是　□否	□真实　□不真实	□优秀　□−3 分	
5	旷课(3 分)	□是　□否	□真实　□不真实	□优秀　□−3 分	
6	语言举止文明(3 分)	□是　□否	□真实　□不真实	□优秀　□−1 分　□−3 分	

续表

姓名		班级		实训时间	
序号	评价指标	自我评价	教师判定	教师评分	
7	玩手机等电子产品(5 分)	□是 □否	□真实 □不真实	□优秀 □－3 分 □－5 分	
8	服从管理(5 分)	□是 □否	□真实 □不真实	□优秀 □－3 分 □－5 分	
9	工作装规范(5 分)	□是 □否	□真实 □不真实	□优秀 □－3 分 □－5 分	
10	工量具摆放整齐(5 分)	□是 □否	□真实 □不真实	□优秀 □－3 分 □－5 分	
11	设备保养(4 分)	□是 □否	□真实 □不真实	□优秀 □－2 分 □－4 分	
12	打扫卫生(4 分)	□是 □否	□真实 □不真实	□优秀 □－2 分 □－4 分	
13	请人代编程(3 分)	□是 □否	□真实 □不真实	□优秀 □－3 分	
14	帮人代编程(5 分)	□是 □否	□真实 □不真实	□优秀 □－5 分	
15	完成作业(6 分)	□是 □否	□真实 □不真实	□优秀 □－3 分 □－6 分	
实训素养得分			教师签名		

实训技能评价表(40 分)

姓名		班级		指导教师	
序号	评价指标	自我评价或自测尺寸	教师判定或检测尺寸	教师评分	
1	数控铣床开机操作(5 分)	□完成 □未完成	□真实 □不真实	□优秀 □－3 分 □－5 分	
2	数控铣床手动操作(5 分)	□完成 □未完成	□真实 □不真实	□优秀 □－3 分 □－5 分	
3	程序编制(20 分)	□完成 □未完成	□真实 □不真实	□优秀 □－10 分 □－20 分	
4	程序检验(10 分)	□完成 □未完成	□真实 □不真实	□优秀 □－5 分 □－10 分	
实训技能得分			教师签名		

任务拓展 选择题

1. 子程序头采用(　　)开始。

A. %　　B. #　　C. O　　D. *

2. HCNC-21M 数控系统最多可进行(　　)重调用。

A. 8　　B. 6　　C. 4　　D. 10

3. 子程序以(　　)结束。

A. M00　　B. M30　　C. M99　　D. M02

项目 15

镜像指令的应用

实训任务　镜像指令应用

实训目标

（1）镜像指令的格式及参数说明；

（2）镜像指令的单段编程及操作。

学一学　镜像指令 G24、G25 学习

格式：G24 X_ Y_ Z_ A_

M98 P_

G25 X_ Y_ Z_ A_

说明：G24 为建立镜像；G25 为取消镜像；X、Y、Z、A 为镜像位置。

当工件相对于某一轴具有对称形状时，可以利用镜像功能和子程序，只对工件的一部分进行编程，而能加工出工件的对称部分，这就是镜像功能。

当某一轴的镜像有效时，该轴执行与编程方向相反的运动。

G24、G25 为模态指令，可相互注销；G25 为缺省值。

例　使用镜像功能编制如图 15.1 所示轮廓的加工程序。设刀具起点距工件上表面 100 mm，切削深度 5 mm。

```
%0024                        ;主程序
    G92 X0 Y0 Z0
    G91 G17 M03 S600
    M98 P100                 ;加工①
```

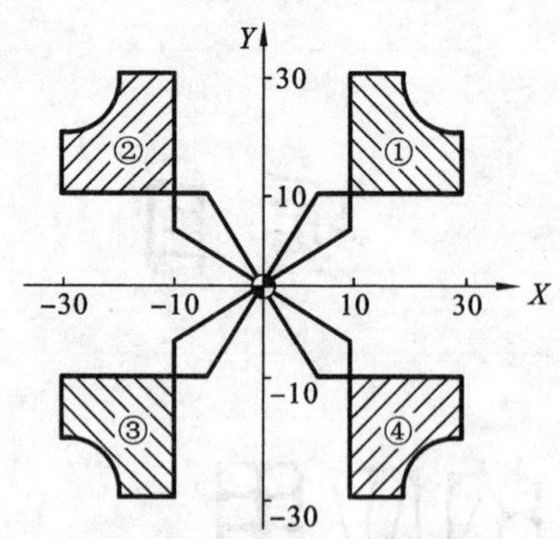

图 15.1　镜像功能示意图

```
    G24 X0                  ;Y 轴镜像,镜像位置为 X=0
    M98 P100                ;加工②
    G24 Y0                  ;X、Y 轴镜像,镜像位置为(0,0)
    M98 P100                ;加工③
    G25 X0                  ;X 轴镜像继续有效,取消 Y 轴镜像
    M98 P100                ;加工④
    G25 Y0                  ;取消镜像
    M30
%100                        ;子程序(①的加工程序):
    N100 G41 G00 X10 Y4 D01
    N120 G43 Z-98 H01
    N130 G01 Z-7 F300
    N140 Y26
    N150 X10
    N160 G03 X10 Y-10 I10 J0
    N170 G01 Y-10
    N180 X-25
    N185 G49 G00 Z105
    N200 G40 X-5 Y-10
    N210 M99
```

练一练

加工如图 15.2 所示零件,已知刀具为 $\phi10$ 立铣刀,毛坯材料为硬铝合金,完善表 15.1 中的精加工程序。

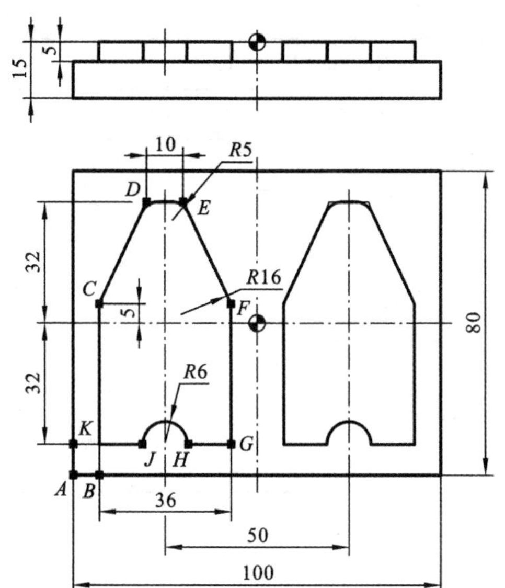

图 15.2　零件图

表 15.1　精加工程序

程序名	O1
程序头	%1
建立工件坐标系，定位至安全高度	G54　G00　Z100
主轴正转，转速 1200 r/min	M03　S1200
到达 A 点	G00　X－50　Y－40
定位至工件上表面 5 mm 处	G00　Z5
调用子程序	
建立镜像	
调用子程序	
取消镜像	
抬刀至安全高度	G00　Z100
主轴停	M05
主程序结束并返回程序头	M30
子程序号	
到达 A 点	G00　X－50　Y－40
A 点处下刀	G01　Z－5　F30
从 A 至 B 点，建立刀具半径补偿	G01　X－43　Y－40　F80
从 B 至 C 点	
从 C 至 D 点	

续表

从 D 至 E 点	G01 X−20 Y32 R5
从 E 至 F 点	G01 X−7 Y5 R16
从 F 至 G 点	
从 G 至 H 点	
从 H 至 J 点	
从 J 至 K 点	G01 X−46 Y−32
从 K 至 A 点，取消刀具半径补偿	G01 X−50 Y−40
抬刀至工件上表面 5 mm 处	G00 Z5
子程序结束	

任务评价

实训素养评价表(共 60 分)

姓名			班级		实训时间	
序号	评价指标	自我评价	教师判定	教师评分		
1	迟到(3 分)	□是 □否	□真实 □不真实	□优秀 □−1 分 □−3 分		
2	早退(3 分)	□是 □否	□真实 □不真实	□优秀 □−1 分 □−3 分		
3	事假(3 分)	□是 □否	□真实 □不真实	□优秀 □−3 分		
4	病假(3 分)	□是 □否	□真实 □不真实	□优秀 □−3 分		
5	旷课(3 分)	□是 □否	□真实 □不真实	□优秀 □−3 分		
6	语言举止文明(3 分)	□是 □否	□真实 □不真实	□优秀 □−1 分 □−3 分		
7	玩手机等电子产品(5 分)	□是 □否	□真实 □不真实	□优秀 □−3 分 □−5 分		
8	服从管理(5 分)	□是 □否	□真实 □不真实	□优秀 □−3 分 □−5 分		
9	工作装规范(5 分)	□是 □否	□真实 □不真实	□优秀 □−3 分 □−5 分		
10	工、量具摆放整齐(5 分)	□是 □否	□真实 □不真实	□优秀 □−3 分 □−5 分		
11	设备保养(4 分)	□是 □否	□真实 □不真实	□优秀 □−2 分 □−4 分		
12	打扫卫生(4 分)	□是 □否	□真实 □不真实	□优秀 □−2 分 □−4 分		
13	请人代编程(3 分)	□是 □否	□真实 □不真实	□优秀 □−3 分		
14	帮人代编程(5 分)	□是 □否	□真实 □不真实	□优秀 □−5 分		
15	完成作业(6 分)	□是 □否	□真实 □不真实	□优秀 □−3 分 □−6 分		
实训素养得分			教师签名			

实训技能评价表(40 分)

姓名		班级		实训时间	
序号	评价指标	自我评价或自测尺寸	教师判定或检测尺寸	教师评分	
1	数控铣床开机操作(5 分)	□完成　□未完成	□真实　□不真实	□优秀　□−3 分　□−5 分	
2	数控铣床手动操作(5 分)	□完成　□未完成	□真实　□不真实	□优秀　□−3 分　□−5 分	
3	程序编制(20 分)	□完成　□未完成	□真实　□不真实	□优秀　□−10 分　□−20 分	
4	程序检验(10 分)	□完成　□未完成	□真实　□不真实	□优秀　□−5 分　□−10 分	
实训技能得分			教师签名		

任务拓展　选择题

1. G24、G25 为______指令，G25 为______值。(　　)

A. 模态　　缺省　　　　B. 非模态　　非缺省

C. 模态　　非缺省　　　D. 非模态　　缺省

2. 当某一轴的镜像有效时，该轴执行与编程方向______的运动。(　　)

A. 相同　　B. 相反　　C. 相切　　D. 相垂直

3. 当工件相对于某一轴具有对称形状时，可以利用镜像功能和子程序，只对工件的______部分进行编程，而能加工出工件的对称部分，这就是镜像功能。(　　)

A. 对称　　B. 相同　　C. 相似　　D. 不同

项目 16

旋转指令的应用

实训任务　旋转指令应用

实训目标

(1) 旋转指令的格式及参数说明；

(2) 旋转指令的单段编程及操作。

学一学　旋转指令 G68、G69 学习

格式：G17 G68 X_ Y_ P_

　　G18 G68 X_ Z_ P_

　　G19 G68 Y_ Z_ P_

　　　M98 P_

　　　G69

说明：G68 为建立旋转；G69 为取消旋转；X、Y、Z 为旋转中心的坐标值；P 为旋转角度，单位是(°)，0≤P≤360°。

在有刀具补偿的情况下，先旋转后刀补（刀具半径补偿、长度补偿）；在有缩放功能的情况下，先缩放后旋转。

G68、G69 为模态指令，可相互注销；G69 为缺省值。

例　使用旋转功能编制如图 16.1 所示轮廓的加工程序。设刀具起点距工件上表面 50 mm，切削深度 5 mm。

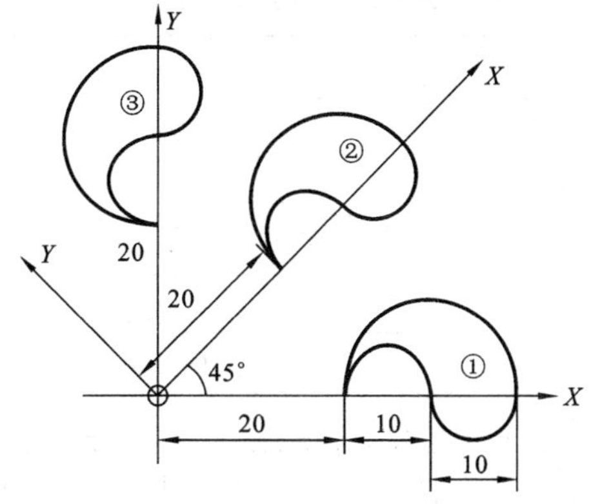

图 16.1 旋转功能示意图

```
%0068                                   ;主程序
    N10 G92 X0 Y0 Z50
    N15 G90 G17 M03 S600
    N20 G43 Z-5 H02
    N25 M98 P200                        ;加工①
    N30 G68 X0 Y0 P45                   ;旋转 45°
    N40 M98 P200                        ;加工②
    N60 G68 X0 Y0 P90                   ;旋转 90°
    N70 M98 P200                        ;加工③
    N20 G49 Z50
    N80 G69 M05 M30                     ;取消旋转
%200                                    ;子程序(①的加工程序)
    N100 G41 G01 X20 Y-5 D02 F300
    N105 Y0
    N110 G02 X40 I10
    N120 X30 I-5
    N130 G03 X20 I-5
    N140 G00 Y-6
    N145 G40 X0 Y0
    N150 M99
```

练一练

加工图 16.2 所示零件，已知刀具为 $\phi10$ 立铣刀，毛坯材料为硬铝合金，完善表 16.1 中的精加工程序。

表 16.1 精加工程序

程序名	O20
程序头	%20
建立工件坐标系，定位至安全高度	G54 G00 Z100
主轴正转，转速 900 r/min	M03 S900
到达 *A* 点	G00 X0 Y−40
定位至工件上表面 5 mm 处	G00 Z5
A 点处下刀	G01 X__ Y__ F30
到达 ϕ56 圆弧起点处	G01 X0 Y−36 F80
加工 ϕ56 圆弧	G02
退刀至 *A* 点	G01 X0 Y−40
抬刀至工件上表面 5 mm 处	G00 Z5
调用子程序	
建立旋转	
调用子程序	
建立旋转	
调用子程序	
建立旋转	
调用子程序	
建立旋转	
调用子程序	
取消旋转	
抬刀至安全高度	G00 Z100
主轴停	M05
主程序结束并返回程序头	M30
子程序号	
到达 *A* 点	G00 X0 Y−40
A 点处下刀	G01 Z−5 F30
从 *A* 至 *B* 点，建立刀具半径补偿	________ F80
从 *B* 至 *C* 点	G03 X−16 Y−38 R16
从 *C* 至 *A* 点，取消刀具半径补偿	G01 X0 Y−40 ______
抬刀至工件上表面 5 mm 处	G00 Z5
子程序结束	

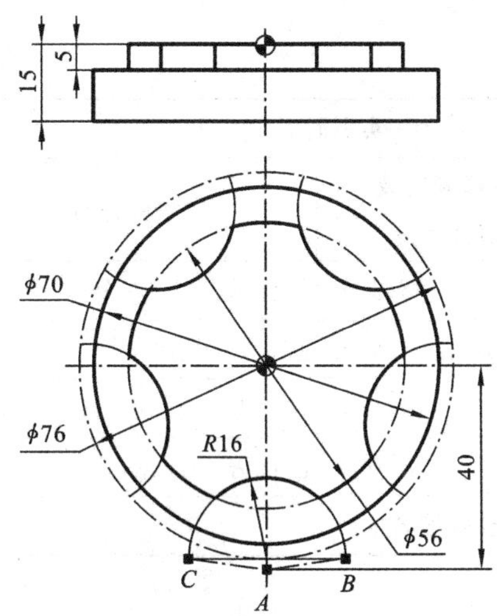

图 16.2　零件图

任务评价

实训素养评价表(共 60 分)

姓名		班级		实训时间	
序号	评价指标	自我评价	教师判定	教师评分	
1	迟到(3 分)	□是　□否	□真实　□不真实	□优秀　□−1 分　□−3 分	
2	早退(3 分)	□是　□否	□真实　□不真实	□优秀　□−1 分　□−3 分	
3	事假(3 分)	□是　□否	□真实　□不真实	□优秀　□−3 分	
4	病假(3 分)	□是　□否	□真实　□不真实	□优秀　□−3 分	
5	旷课(3 分)	□是　□否	□真实　□不真实	□优秀　□−3 分	
6	语言举止文明(3 分)	□是　□否	□真实　□不真实	□优秀　□−1 分　□−3 分	
7	玩手机等电子产品(5 分)	□是　□否	□真实　□不真实	□优秀　□−3 分　□−5 分	
8	服从管理(5 分)	□是　□否	□真实　□不真实	□优秀　□−3 分　□−5 分	
9	工作装规范(5 分)	□是　□否	□真实　□不真实	□优秀　□−3 分　□−5 分	
10	工、量具摆放整齐(5 分)	□是　□否	□真实　□不真实	□优秀　□−3 分　□−5 分	
11	设备保养(4 分)	□是　□否	□真实　□不真实	□优秀　□−2 分　□−4 分	
12	打扫卫生(4 分)	□是　□否	□真实　□不真实	□优秀　□−2 分　□−4 分	
13	请人代编程(3 分)	□是　□否	□真实　□不真实	□优秀　□−3 分	
14	帮人代编程(5 分)	□是　□否	□真实　□不真实	□优秀　□−5 分	
15	完成作业(6 分)	□是　□否	□真实　□不真实	□优秀　□−3 分　□−6 分	
实训素养得分			教师签名		

实训技能评价表(40 分)

姓名		班级		实训时间	
序号	评价指标	自我评价或自测尺寸	教师判定或检测尺寸	教师评分	
1	数控铣床开机操作(5 分)	□完成 □未完成	□真实 □不真实	□优秀 □－3 分 □－5 分	
2	数控铣床手动操作(5 分)	□完成 □未完成	□真实 □不真实	□优秀 □－3 分 □－5 分	
3	程序编制(20 分)	□完成 □未完成	□真实 □不真实	□优秀 □－10 分 □－20 分	
4	程序检验(10 分)	□完成 □未完成	□真实 □不真实	□优秀 □－5 分 □－10 分	
实训技能得分			教师签名		

任务拓展　选择题

1. G68、G69 为(　　)指令。

A. 模态　　B. 非模态　　C. 前作用　　D. 后作用

2. 在 G68 指令 P 指定旋转的(　　)。

A. 角度　　B. 弧度　　C. 弧长　　D. 距离

3. 在有刀具补偿的情况下,(　　)。

A. 先旋转,后刀补　　B. 先刀补,后旋转

C. 无先后顺序　　D. 以上都有可能

项目 17

缩放指令的应用

实训任务　缩放指令应用

实训目标

(1) 缩放指令格式及参数说明；

(2) 缩放指令单段编程及操作。

学一学　缩放指令 G50、G51 学习

格式：G51 X_ Y_ Z_ P_

M98 P_

G50

说明：G51 为建立缩放；G50 为取消缩放；X、Y、Z 为缩放中心的坐标值；P 为缩放倍数。

G51 既可指定平面缩放，也可指定空间缩放。

在 G51 后，运动指令的坐标值以(X,Y,Z)为缩放中心，按 P 规定的缩放比例进行计算。

在有刀具补偿的情况下，先进行缩放，然后才进行刀具半径补偿、刀具长度补偿。

G51、G50 为模态指令，可相互注销；G50 为缺省值。

例　使用缩放功能编制如图 17.1 所示轮廓的加工程序。已知三角形 ABC 的顶点为 A(10，30)，B(90，30)，C(50，110)，三角形 $A'B'C'$ 是缩放后的图形，其中缩放中心为 D(50，50)，缩放系数为 0.5 倍，设刀具起点距工件上表面 50 mm。

```
%0051                                      ;主程序
```

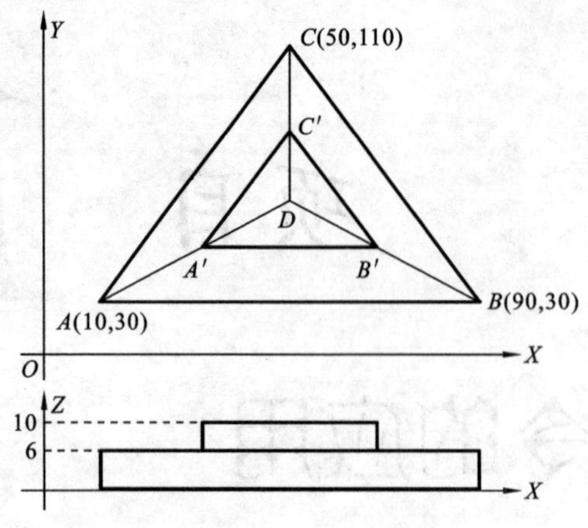

图 17.1 缩放功能示意图

```
    G92 X0 Y0 Z60
    G91 G17 M03 S600 F300
    G43 G00 X50 Y50 Z－46 H01
    ＃51＝14
    M98 P100                           ;加工三角形 ABC
    ＃51＝8
    G51 X50 Y50 P0.5                   ;缩放中心(50，50),缩放系数 0.5
    M98 P100                           ;加工三角形 A′B′C′
    G50                                ;取消缩放
    G49 Z46
    M05 M30
%100                                   ;子程序(三角形 ABC 的加工程序):
    N100 G42 G00 X－44 Y－20 D01
    N120 Z[－＃51]
    N150 G01 X84
    N160 X－40 Y80
    N170 X－44 Y－88
    N180 Z[＃51]
    N200 G40 G00 X44 Y28
    N210 M99
```

练一练

加工图 17.2 所示零件，已知刀具为 $\phi10$ 立铣刀，毛坯材料为硬铝合金，将各节点坐标填写在表 17.1 中，完善表 17.2 中的精加工程序。

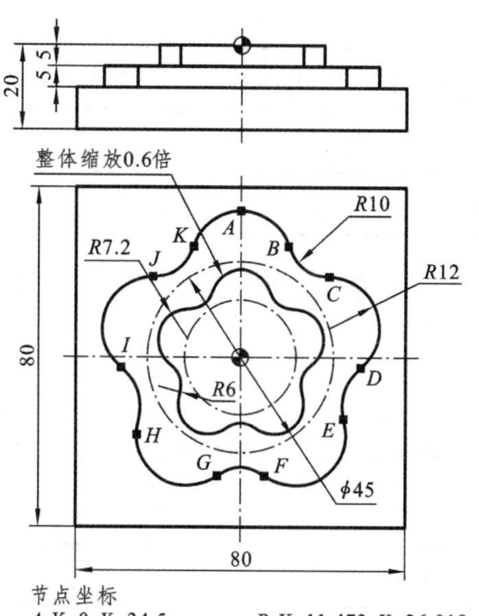

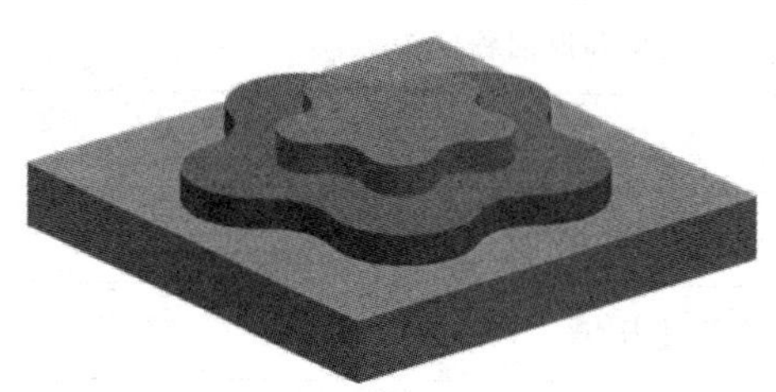

图 17.2　零件图

表 17.1　节点坐标

节　　点	X	Y
G		
H		
I		
J		
K		

表 17.2　精加工程序

程序名	O3
程序头	%3
建立工件坐标系，定位至安全高度	G54 G00　Z100
主轴正转，转速 1200 r/min	M03　S1200
	G00　X0　Y45
定位至工件上表面 5 mm 处	G00　Z5
下刀至−10 mm 处，进给速度 30 mm/min	G01　Z−10　F30
调用子程序	

续表

下刀至−5 mm处,进给速度30 mm/min	G01 Z−5 F30
建立缩放	
调用子程序	
取消镜像	G50
抬刀至安全高度	G00 Z100
主轴停	M05
主程序结束并返回程序头	M30
子程序号	%30
到达下进刀点	G00 X0 Y45
建立刀具半径补偿	G01 X−10 Y44.5
圆弧进刀至 A 点处	X0 Y34.5 R10
从 A 至 B 点	
从 B 至 C 点	G03 X21.033 Y18.95 R10
从 C 至 D 点	
从 D 至 E 点	G03 X24.575 Y−14.306 R10
从 E 至 F 点	
从 F 至 G 点	G03 X−6.011 Y−27.793 R10
从 G 至 H 点	
从 H 至 I 点	G03 X−28.29 Y−2.871 R10
从 I 至 J 点	
从 J 至 K 点	G03 X−11.473 Y26.018 R10
从 K 至 A 点	
圆弧退刀	X10 Y44.5 R10
取消刀具半径补偿	G01 X0 Y45 ________
子程序结束	

任务评价

实训素养评价表(共 60 分)

姓名		班级		实训时间	
序号	评价指标	自我评价	教师判定	教师评分	
1	迟到(3 分)	□是　□否	□真实　□不真实	□优秀　□－1 分□－3 分	
2	早退(3 分)	□是　□否	□真实　□不真实	□优秀　□－1 分□－3 分	
3	事假(3 分)	□是　□否	□真实　□不真实	□优秀　□－3 分	
4	病假(3 分)	□是　□否	□真实　□不真实	□优秀　□－3 分	
5	旷课(3 分)	□是　□否	□真实　□不真实	□优秀　□－3 分	
6	语言举止文明(3 分)	□是　□否	□真实　□不真实	□优秀　□－1 分□－3 分	
7	玩手机等电子产品(5 分)	□是　□否	□真实　□不真实	□优秀　□－3 分□－5 分	
8	服从管理(5 分)	□是　□否	□真实　□不真实	□优秀　□－3 分□－5 分	
9	工作装规范(5 分)	□是　□否	□真实　□不真实	□优秀　□－3 分□－5 分	
10	工、量具摆放整齐(5 分)	□是　□否	□真实　□不真实	□优秀　□－3 分□－5 分	
11	设备保养(4 分)	□是　□否	□真实　□不真实	□优秀　□－2 分□－4 分	
12	打扫卫生(4 分)	□是　□否	□真实　□不真实	□优秀　□－2 分□－4 分	
13	请人代编程(3 分)	□是　□否	□真实　□不真实	□优秀　□－3 分	
14	帮人代编程(5 分)	□是　□否	□真实　□不真实	□优秀　□－5 分	
15	完成作业(6 分)	□是　□否	□真实　□不真实	□优秀　□－3 分□－6 分	
实训素养得分			教师签名		

实训技能评价表(40 分)

姓名		班级		实训时间	
序号	评价指标	自我评价或自测尺寸	教师判定或检测尺寸	教师评分	
1	数控铣床开机操作(5 分)	□完成　□未完成	□真实　□不真实	□优秀　□－3 分□－5 分	
2	数控铣床手动操作(5 分)	□完成　□未完成	□真实　□不真实	□优秀　□－3 分□－5 分	
3	程序编制(20 分)	□完成　□未完成	□真实　□不真实	□优秀　□－10 分□－20 分	
4	程序检验(10 分)	□完成　□未完成	□真实　□不真实	□优秀　□－5 分□－10 分	
实训技能得分			教师签名		

任务拓展　选择题

1. G51、G50 为(　　)指令。

A. 模态　B. 非模态　C. 前作用　D. 后作用

2. 在 G51 指令 P 是指定(　　)。

A. 角度　B. 缩放倍数　C. 弧度　D. 距离

3. 在有刀具补偿的情况下,(　　)。

A. 先缩放,后刀补　B. 先刀补,后缩放　C. 无先后顺序　D. 以上都有可能

项目 18

综合加工(一)

实训任务　凸台零件的数控加工

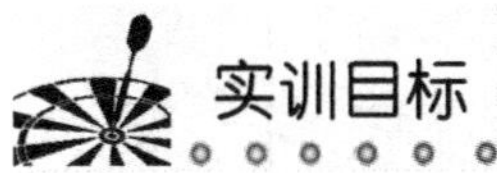

实训目标

(1) 掌握制定凸台零件的加工工艺；

(2) 掌握控制凸台零件的尺寸精度及方法；

(3) 掌握编制凸台零件的程序及方法。

学一学　凸台零件的加工

分析如图 18.1、图 18.2 所示的凸台零件图，按照表 18.1 给定的刀具卡片、表 18.2 给定的工序卡片、表 18.3 给定的量具清单及表 18.4 给定的辅具清单做好加工准备，完善表 18.5 所示的零件精加工程序，在数控机床上完成零件加工，并进行零件检测。已知材料为有机玻璃板，毛坯尺寸为 85 mm×85 mm×20 mm。

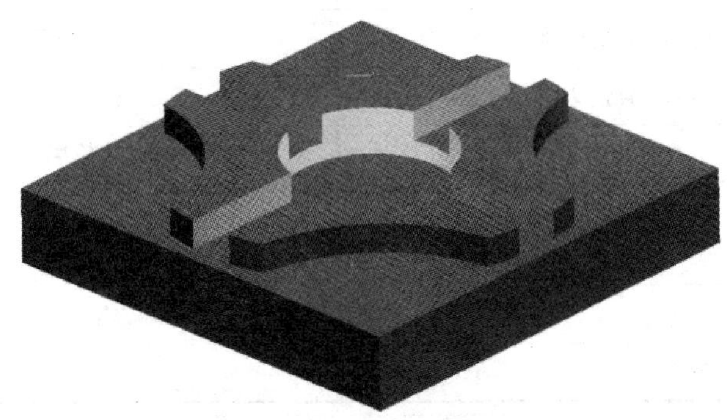

图 18.1　凸台零件实体图

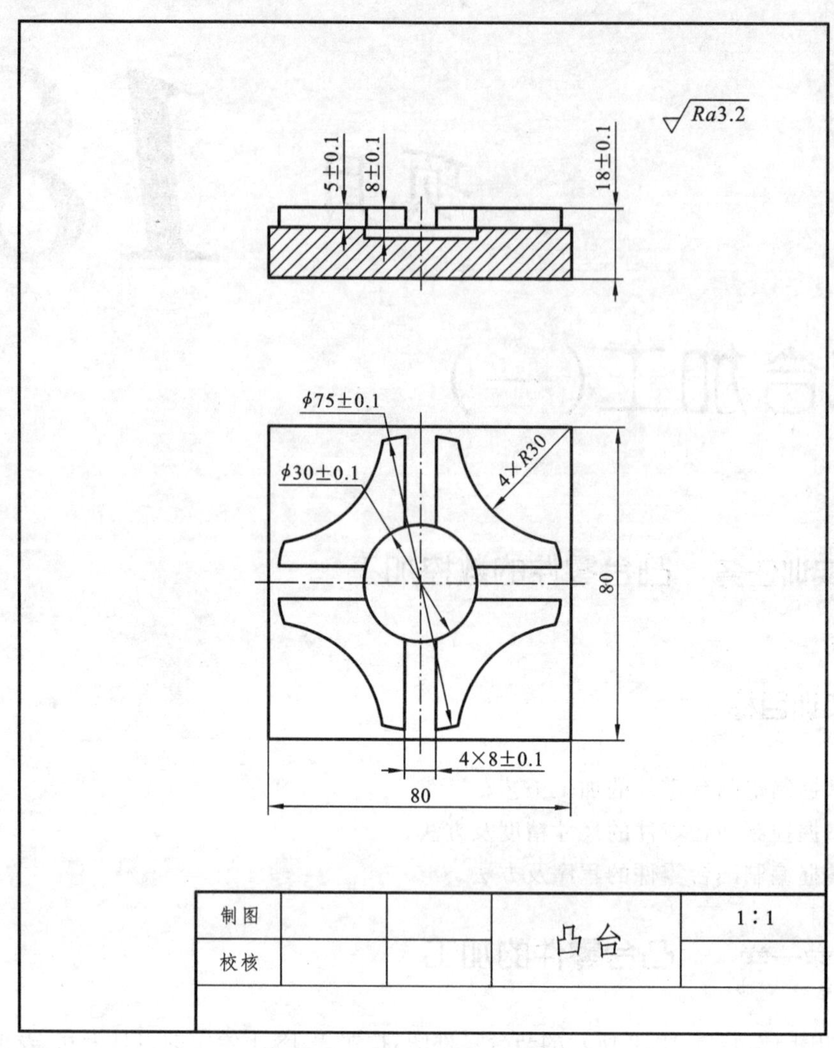

图 18.2　凸台零件

表 18.1　凸台零件加工的刀具卡片

产品名称或代号		18-1		零件名称	凸台零件	零件图号	05
序号	刀具号	刀具名称及规格		数量	加工表面		备注
1	T01	ϕ100 面铣刀		1	铣上平面		
2	T02	ϕ20 硬质合金立铣刀		1	粗精铣 80×80 外轮廓、ϕ75 凸台轮廓、4×R30 圆弧及 ϕ30 圆凹槽		
3	T03	ϕ6 硬质合金立铣刀			粗、精铣 4×8±0.1 的凹槽		
编制		审核		批准		共 1 页	第 1 页

表 18.2　凸台零件加工的工序卡片

单位名称		产品名称或代号	零件名称	零件图号
			凸台零件	01
工序号	程序编号	夹具名称	使用设备	车间
002	O1002	平口虎钳	XK714	

工步号	工步内容	刀具号	刀具规格 R/mm	主轴转速 n/(r/min)	进给量 f/(mm/min)	背吃刀量 a_p/mm	备注
1	加工上平面	T01	ϕ100	1500	150	2	
2	粗、精铣 80×80 外轮廓	T02	ϕ20	1300	130	2	
3	粗、精铣 ϕ75 凸台	T02	ϕ20	1300	130	2	
4	粗、精铣 4×R30 圆弧	T02	ϕ20	1300	130	2	
5	粗、精铣 ϕ30 圆凹槽	T02	ϕ20	1300	130	2	
6	粗、精铣 4×8 凹槽	T03	ϕ6	3000	80	2	

装夹示意图

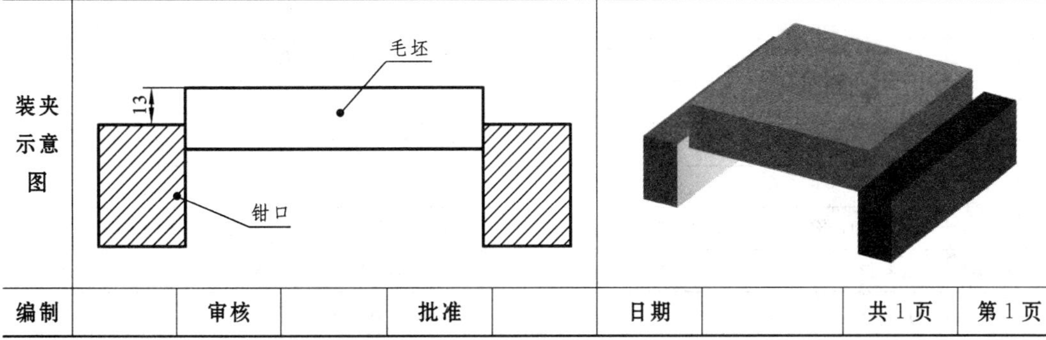

编制		审核		批准		日期		共 1 页	第 1 页

表 18.3　凸台零件加工的量具清单

序号	量具(量仪)名称	规格	分度值或精密度	数量	制造厂家	出厂编号	量具性能与外观	备注
1	钢直尺	0～150 mm	0.5 mm	1	—	—	良好	
2	游标卡尺	0～150 mm	0.02 mm	1	桂林量具刃具有限责任公司	D18023	良好	
3	R 规	R30	—	1	—	—	良好	

表 18.4　凸台零件加工的辅具清单

序号	辅具名称	辅具规格	单位	数量	辅具性能与外观	备注
1	等高垫铁	—	套	1	良好	
2	毛刷	—	个	1	良好	
3	偏心棒	—	个	1	良好	
4	虎钳扳手	—	个	1	良好	

表 18.5　凸台零件加工的程序清单

程序号:O1005		
程序段号	程序内容	说明
	%1	
N1	G54　G40　G90 G97　G94	建工件坐标系,设置工艺加工状态
N2	M03　S1300(T02)	主轴正转,转速 1300 r/min　换 2 号刀
N3	M07	打开切削液
N4	G00　X0 Y0 Z20	快速定位到工件上方
N5	X－50 Y－50	快速定位到外轮廓起刀点上方
N6	G01 Z－5 F130	下刀
N7	G41 G01 X－40 Y－50 D02 F100	建立刀具半径补偿
N8	G01 Y40	加工 100×100 外轮廓
N9	X40	
N10	Y－40	
N11	X－50	
N12	G40 Y－50	取消刀具半径补偿
N13	G00 Z5	抬刀
N14	G00 X0 Y－50	快速定位到凸台轮廓起刀点
N15	G01 Z－5 F130	下刀
N16	G41 G01 X0 Y－40 D02 F80	建立刀具半径补偿
N17	G02 J37.5	加工 $\phi75$ 圆凸台轮廓
N18	G01 G40 Y－50	取消刀具半径补偿
N19	G00 Z5	抬刀
N20	G00 X50 Y10	快速定位到凸台轮廓起刀点
N21	M98 P01	加工 4×R30 圆弧轮廓
N22	G68 X0Y0 P90	
N23	M98 P01	
N24	G68 X0 Y0 P180	
N25	M98 P01	
N26	G68 X0 Y0 P270	
N27	M98 P01	
N28	G00 Z5	抬刀
N29	G00 X0 Y0	快速定位到凸台轮廓起刀点
N30	G01 Z－8 F130	下刀
N31	G01 X5 Y0	进刀
N32	G02 I－5	加工 $\phi30$ 圆凹槽轮廓
N33	G01 X0 Y0	走刀至圆弧中心

续表

程序号:O1005		
程序段号	**程序内容**	**说明**
N34	G00 Z20	抬刀
N35	M05	主轴停止
N36	M30	程序结束
	%01	
	G00 X50 Y10	快速定位至起点
	G01 Z−5 F130	下刀
	G42 G01 X40 Y10 D02	建立刀具半径补偿
	G02 X10 Y40 R30	加工 *R*30 圆弧轮廓
	G40 G01 Y50	取消刀具半径补偿
	G00 Z5	抬刀
	M99	子程序结束
	%2	
N1	G54 G40 G90 G97 G94	建工件坐标系,设置工艺加工状态
N2	M03 S1300(T03)	主轴正转,转速 1300 r/min 换 3 号刀
N3	M07	打开切削液
N4	G00 Z20	快速定位到工件上方
	G00 X0 Y−50	定位至切削起点
	G01 Z−5 F80	下刀
	G41 G01 X4 Y−45 D03	加工 4×8 凹槽
	Y40	
	X−4	
	Y−45	
	G40 X0 Y−50	
	G00 Z5	
	G00 X50 Y0	
	G01 Z−5 F80	
	G41 G01 X45 Y4 D03	
	X−45	
	Y−4	
	X45	
	G40 X50 Y0	
	G00 Z50	抬刀
	X0 Y0	回到程序原点
	M05	主轴停
	M30	主程序结束

实训素养评价表(共50分)

姓名		班级		实训时间	
序号	评价指标	自我评价	教师判定	教师评分	
1	迟到(3分)	□是 □否	□真实 □不真实	□优秀 □-1分 □-3分	
2	早退(3分)	□是 □否	□真实 □不真实	□优秀 □-1分 □-3分	
3	事假(3分)	□是 □否	□真实 □不真实	□优秀 □-1分 □-3分	
4	病假(3分)	□是 □否	□真实 □不真实	□优秀 □-1分 □-3分	
5	旷课(3分)	□是 □否	□真实 □不真实	□优秀 □-3分	
6	语言举止文明(3分)	□是 □否	□真实 □不真实	□优秀 □-1分 □-3分	
7	玩手机等电子产品(3分)	□是 □否	□真实 □不真实	□优秀 □-1分 □-3分	
8	服从管理(3分)	□是 □否	□真实 □不真实	□优秀 □-1分 □-3分	
9	工作装规范(3分)	□是 □否	□真实 □不真实	□优秀 □-1分 □-3分	
10	工、量具摆放整齐(3分)	□是 □否	□真实 □不真实	□优秀 □-1分 □-3分	
11	设备保养(3分)	□是 □否	□真实 □不真实	□优秀 □-1分 □-3分	
12	打扫卫生(3分)	□是 □否	□真实 □不真实	□优秀 □-1分 □-3分	
13	请人代铣工件(3分)	□是 □否	□真实 □不真实	□优秀 □-3分	
14	帮人代铣工件(5分)	□是 □否	□真实 □不真实	□优秀 □-5分	
15	完成作业(6分)	□是 □否	□真实 □不真实	□优秀 □-3分 □-6分	
实训素养得分			教师签名		

实训技能评价表(50 分)

姓名			班级		实训时间	
序号		评价指标	自我评价或自测尺寸	教师判定或检测尺寸	教师评分	
1		数控铣床开机操作(2 分)	□完成 □未完成	□真实 □不真实	□合格 □−2 分	
2		数控铣床手动操作(2 分)	□完成 □未完成	□真实 □不真实	□合格 □−1 分	
3		数控铣床刀具安装(2 分)	□完成 □未完成	□真实 □不真实	□合格 □−1 分	
4		数控铣床工件装夹(2 分)	□完成 □未完成	□真实 □不真实	□合格 □−1 分	
5		数控铣床对刀操作(2 分)	□完成 □未完成	□真实 □不真实	□合格 □−1 分	
6		程序编制(4 分)	□完成 □未完成	□真实 □不真实	□合格 □−2 分 □−4 分	
7		程序检验(4 分)	□完成 □未完成	□真实 □不真实	□合格 □−2 分 □−4 分	
8	实训产品质量检测	5±0.1(2 分)			□合格 □−2 分	
9		8±0.1(2 分)			□合格 □−2 分	
10		18±0.1(2 分)			□合格 □−2 分	
11		4×*R*30(8 分)			□合格 □−8 分	
12		80×80(2 分)			□合格 □−2 分	
13		ϕ30±0.1(2 分)			□合格 □−2 分	
14		ϕ75±0.1(2 分)			□合格 □−2 分	
15		4×8±0.1(8 分)			□合格 □−8 分	
16		去毛刺(2 分)			□合格 □−2 分	
17		表面质量(2 分)			□合格 □−2 分	
实训技能得分				教师签名		

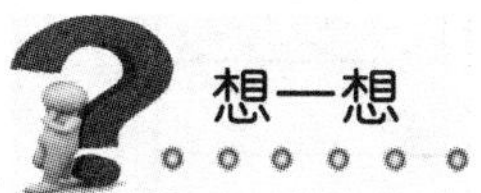

想一想

分析图 18.3 所示的镂空零件图，按表 18.6 的要求填写刀具卡片、按表 18.7 的要求填写工序卡片、按表 18.8 的要求填写量具清单、按表 18.9 的要求填写辅具清单，已知材料为尼龙棒，毛坯尺寸为 42 mm×42 mm×42 mm。

表 18.6　镂空零件加工的刀具卡片

产品名称或代号		18-3		零件名称	镂空零件	零件图号	05
序号	刀具号	刀具名称及规格		数量	加工表面		备注
1							
2							
3							
编制		审核		批准		共1页	第1页

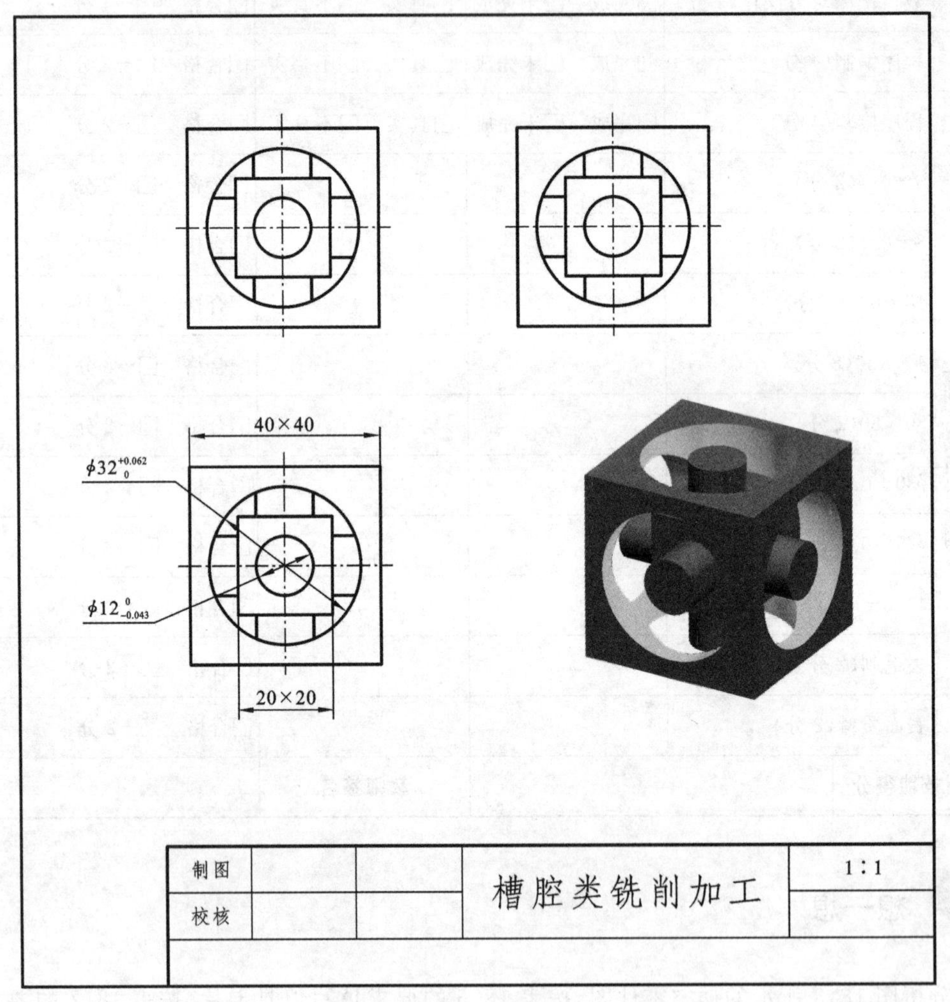

图 18.3　镂空零件

表 18.7　镂空零件加工的工序卡片

<table>
<tr><td colspan="2" rowspan="2">单位名称</td><td rowspan="2"></td><td colspan="2">产品名称或代号</td><td colspan="2">零件名称</td><td colspan="2">零件图号</td></tr>
<tr><td colspan="2"></td><td colspan="2"></td><td colspan="2"></td></tr>
<tr><td colspan="2">工序号</td><td>程序编号</td><td colspan="2">夹具名称</td><td colspan="2">使用设备</td><td colspan="2">车间</td></tr>
<tr><td colspan="2"></td><td></td><td colspan="2">平口虎钳</td><td colspan="2"></td><td colspan="2"></td></tr>
<tr><td>工步号</td><td colspan="2">工步内容</td><td>刀具号</td><td>刀具规格
R/mm</td><td>主轴转速
n/(r/min)</td><td>进给量
f/(mm/min)</td><td>背吃刀量
a_p/mm</td><td>备注</td></tr>
<tr><td>1</td><td colspan="2"></td><td></td><td></td><td></td><td></td><td></td><td></td></tr>
<tr><td>2</td><td colspan="2"></td><td></td><td></td><td></td><td></td><td></td><td></td></tr>
<tr><td>3</td><td colspan="2"></td><td></td><td></td><td></td><td></td><td></td><td></td></tr>
<tr><td>4</td><td colspan="2"></td><td></td><td></td><td></td><td></td><td></td><td></td></tr>
<tr><td>5</td><td colspan="2"></td><td></td><td></td><td></td><td></td><td></td><td></td></tr>
<tr><td>6</td><td colspan="2"></td><td></td><td></td><td></td><td></td><td></td><td></td></tr>
<tr><td>7</td><td colspan="2"></td><td></td><td></td><td></td><td></td><td></td><td></td></tr>
<tr><td rowspan="2">装夹示意图</td><td colspan="5"></td><td colspan="3"></td></tr>
<tr><td colspan="5"></td><td colspan="3"></td></tr>
<tr><td>编制</td><td></td><td>审核</td><td></td><td>批准</td><td></td><td>日期</td><td></td><td>共 1 页</td><td>第 1 页</td></tr>
</table>

表 18.8　镂空零件加工的量具清单

序号	量具(量仪)名称	规格	分度值或精密度	数量	制造厂家	出厂编号	量具性能与外观	备注
1								
2								
3								

表 18.9　镂空零件加工的辅具清单

序号	辅具名称	辅具规格	单位	数量	辅具性能与外观	备注
1						
2						
3						
4						

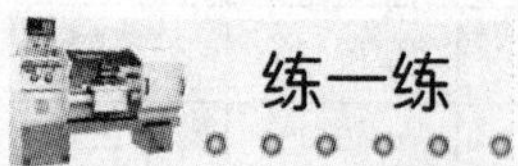

编制图 18.3 所示镂空零件的程序清单，填写在表 18.10 中，并完成零件加工。

表 18.10　镂空零件加工的程序清单

程序段号	程序	注释

续表

程序段号	程序	注释

任务评价

实训素养评价表(共50分)

姓名		班级		实训时间	
序号	评价指标	自我评价	教师判定	教师评分	
1	迟到(3分)	□是 □否	□真实 □不真实	□优秀 □−1分 □−3分	
2	早退(3分)	□是 □否	□真实 □不真实	□优秀 □−1分 □−3分	
3	事假(3分)	□是 □否	□真实 □不真实	□优秀 □−1分	
4	病假(3分)	□是 □否	□真实 □不真实	□优秀 □−1分	
5	旷课(3分)	□是 □否	□真实 □不真实	□优秀 □−3分	
6	语言举止文明(3分)	□是 □否	□真实 □不真实	□优秀 □−1分 □−3分	
7	玩手机等电子产品(3分)	□是 □否	□真实 □不真实	□优秀 □−1分 □−3分	
8	服从管理(3分)	□是 □否	□真实 □不真实	□优秀 □−1分 □−3分	
9	工作装规范(3分)	□是 □否	□真实 □不真实	□优秀 □−1分 □−3分	
10	工、量具摆放整齐(3分)	□是 □否	□真实 □不真实	□优秀 □−1分 □−3分	
11	设备保养(3分)	□是 □否	□真实 □不真实	□优秀 □−1分 □−3分	
12	打扫卫生(3分)	□是 □否	□真实 □不真实	□优秀 □−1分 □−3分	
13	请人代铣工件(3分)	□是 □否	□真实 □不真实	□优秀 □−3分	
14	帮人代铣工件(5分)	□是 □否	□真实 □不真实	□优秀 □−5分	
15	完成作业(6分)	□是 □否	□真实 □不真实	□优秀 □−3分 □−6分	
实训素养得分			教师签名		

实训技能评价表(50 分)

<table>
<tr><td colspan="2">姓名</td><td></td><td>班级</td><td></td><td>实训时间</td><td></td></tr>
<tr><td colspan="2">序号</td><td>评价指标</td><td>自我评价或自测尺寸</td><td>教师判定或检测尺寸</td><td colspan="2">教师评分</td></tr>
<tr><td colspan="2">1</td><td>数控铣床开机操作(2 分)</td><td>□完成 □未完成</td><td>□真实 □不真实</td><td colspan="2">□合格 □−2 分</td></tr>
<tr><td colspan="2">2</td><td>数控铣床手动操作(2 分)</td><td>□完成 □未完成</td><td>□真实 □不真实</td><td colspan="2">□合格 □−2 分</td></tr>
<tr><td colspan="2">3</td><td>数控铣床刀具安装(2 分)</td><td>□完成 □未完成</td><td>□真实 □不真实</td><td colspan="2">□合格 □−2 分</td></tr>
<tr><td colspan="2">4</td><td>数控铣床工件装夹(2 分)</td><td>□完成 □未完成</td><td>□真实 □不真实</td><td colspan="2">□合格 □−2 分</td></tr>
<tr><td colspan="2">5</td><td>数控铣床对刀操作(2 分)</td><td>□完成 □未完成</td><td>□真实 □不真实</td><td colspan="2">□合格 □−2 分</td></tr>
<tr><td colspan="2">6</td><td>程序编制(4 分)</td><td>□完成 □未完成</td><td>□真实 □不真实</td><td colspan="2">□合格 □−2 分 □−4 分</td></tr>
<tr><td colspan="2">7</td><td>程序检验(4 分)</td><td>□完成 □未完成</td><td>□真实 □不真实</td><td colspan="2">□合格 □−2 分 □−4 分</td></tr>
<tr><td>8</td><td rowspan="6">实训产品质量检测</td><td>40×40(4 分)</td><td></td><td></td><td colspan="2">□合格 □−4 分</td></tr>
<tr><td>9</td><td>20×20(4 分)</td><td></td><td></td><td colspan="2">□合格 □−4 分</td></tr>
<tr><td>10</td><td>$\phi 12_{-0.043}^{\ 0}$(8 分)</td><td></td><td></td><td colspan="2">□合格 □−8 分</td></tr>
<tr><td>11</td><td>$\phi 32_{\ 0}^{+0.062}$(8 分)</td><td></td><td></td><td colspan="2">□合格 □−8 分</td></tr>
<tr><td>12</td><td>去毛刺(4 分)</td><td></td><td></td><td colspan="2">□合格 □−4 分</td></tr>
<tr><td>13</td><td>表面质量(4 分)</td><td></td><td></td><td colspan="2">□合格 □−4 分</td></tr>
<tr><td colspan="2">实训技能得分</td><td colspan="2"></td><td>教师签名</td><td colspan="2"></td></tr>
</table>

项目 19

综合加工(二)

分析图 19.1、图 19.2 所示的底板零件图,按表 19.1 的要求填写刀具卡片、按表 19.2 的要求填写工序卡片、按表 19.3 的要求填写量具清单、按表 19.4 的要求填写辅具清单。已知材料为铝合金,毛坯尺寸为 100 mm×80 mm×16 mm。

表 19.1　底板零件加工的刀具卡片

产品名称或代号		19-1	零件名称	镂空零件		零件图号	05
序号	刀具号	刀具名称及规格	数量	加工表面			备注
1							
2							
3							
4							
5							
6							
编制		审核		批准		共 1 页	第 1 页

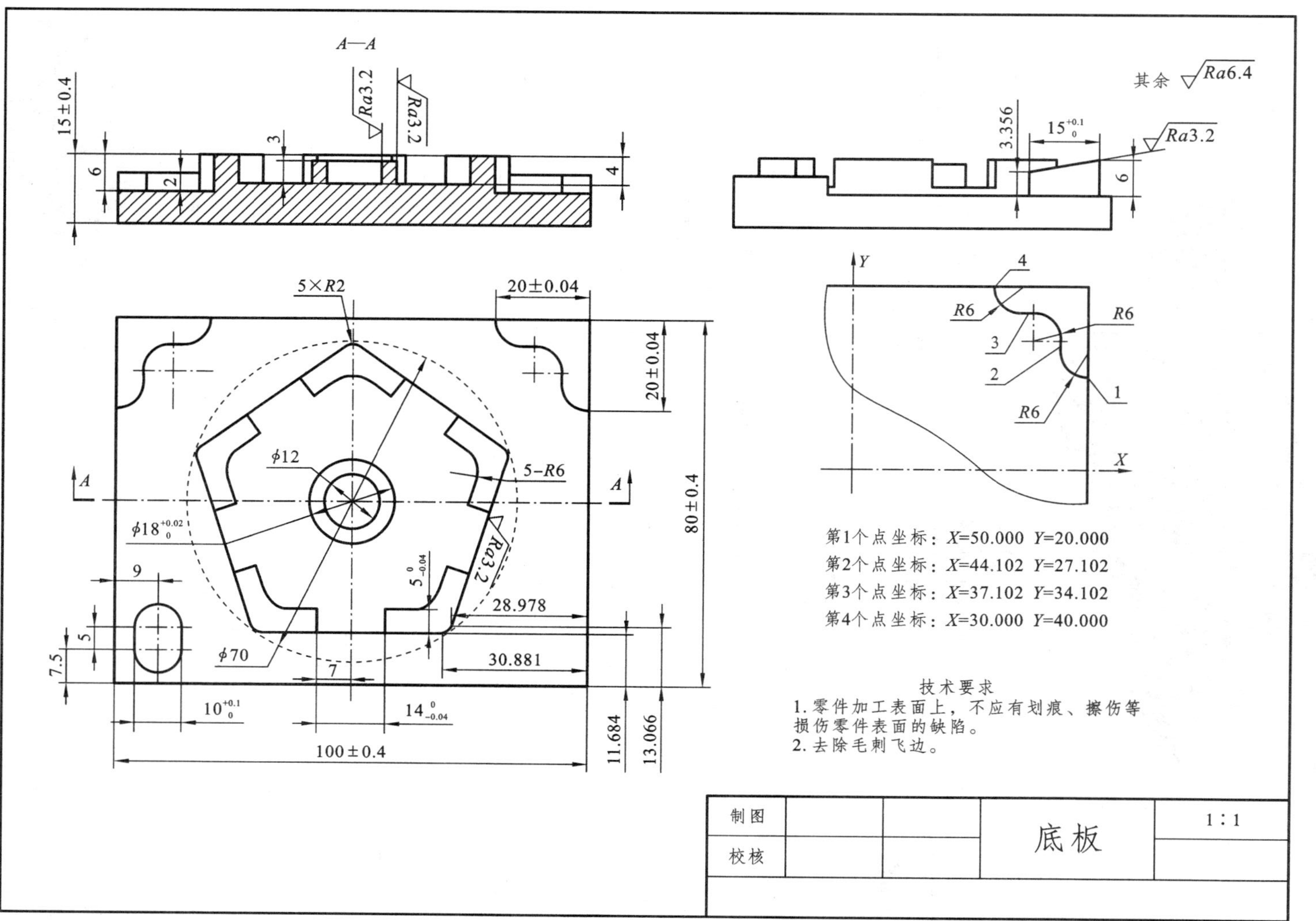
A—A
其余 Ra6.4
Ra3.2
15±0.4
3.356
Y
X
R6
第1个点坐标：X=50.000 Y=20.000
第2个点坐标：X=44.102 Y=27.102
第3个点坐标：X=37.102 Y=34.102
第4个点坐标：X=30.000 Y=40.000
5×R2
20±0.04
φ12
5−R6
φ18
φ70
80±0.4
100±0.4
28.978
30.881
11.684
13.066
技术要求
1. 零件加工表面上，不应有划痕、擦伤等损伤零件表面的缺陷。
2. 去除毛刺飞边。
制图
校核
底板
1:1

图 19.1　底板零件图

图 19.2 底板实体图

表 19.2 底板零件加工的工序卡片

单位名称		产品名称或代号	零件名称	零件图号
工序号	程序编号	夹具名称	使用设备	车间
		平口虎钳		

工步号	工步内容	刀具号	刀具规格 R/mm	主轴转速 n/(r/min)	进给量 f/(mm/min)	背吃刀量 a_p/mm	备注
1							
2							
3							
4							
5							
6							
7							
8							
9							

装夹示意图							
编制		审核		批准		日期		共1页	第1页

表 19.3　底板零件加工的量具清单

序号	量具(量仪)名称	规格	分度值或精密度	数量	制造厂家	出厂编号	量具性能与外观	备注
1								
2								
3								

表 19.4　底板零件加工的辅具清单

序号	辅具名称	辅具规格	单位	数量	辅具性能与外观	备注
1						
2						
3						
4						

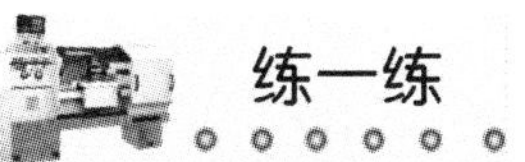

练一练

编制图 19.1 所示底板零件加工的程序，并填写在表 19.5 中，完成零件加工。

表 19.5　底板零件加工的程序清单

程序段号	程　　序	注　　释

续表

程序段号	程　　序	注　　释

续表

程序段号	程 序	注 释

续表

程序段号	程　　序	注　　释

续表

程序段号	程　　序	注　　释

任务评价

实训素养评价表(共50分)

姓名		班级		实训时间	
序号	评价指标	自我评价	教师判定	教师评分	
1	迟到(3分)	□是 □否	□真实 □不真实	□优秀 □−1分 □−3分	
2	早退(3分)	□是 □否	□真实 □不真实	□优秀 □−1分 □−3分	
3	事假(3分)	□是 □否	□真实 □不真实	□优秀 □−1分	
4	病假(3分)	□是 □否	□真实 □不真实	□优秀 □−1分	
5	旷课(3分)	□是 □否	□真实 □不真实	□优秀 □−3分	
6	语言举止文明(3分)	□是 □否	□真实 □不真实	□优秀 □−1分 □−3分	
7	玩手机等电子产品(3分)	□是 □否	□真实 □不真实	□优秀 □−1分 □−3分	
8	服从管理(3分)	□是 □否	□真实 □不真实	□优秀 □−1分 □−3分	
9	工作装规范(3分)	□是 □否	□真实 □不真实	□优秀 □−1分 □−3分	
10	工、量具摆放整齐(3分)	□是 □否	□真实 □不真实	□优秀 □−1分 □−3分	
11	设备保养(3分)	□是 □否	□真实 □不真实	□优秀 □−1分 □−3分	
12	打扫卫生(3分)	□是 □否	□真实 □不真实	□优秀 □−1分 □−3分	
13	请人代铣工件(3分)	□是 □否	□真实 □不真实	□优秀 □−3分	
14	帮人代铣工件(5分)	□是 □否	□真实 □不真实	□优秀 □−5分	
15	完成作业(6分)	□是 □否	□真实 □不真实	□优秀 □−3分 □−6分	
实训素养得分			教师签名		

实训技能评价表(50 分)

<table>
<tr><td colspan="2">姓名</td><td></td><td>班级</td><td></td><td>实训时间</td><td></td></tr>
<tr><td colspan="2">序号</td><td>评价指标</td><td>自我评价或
自测尺寸</td><td>教师判定或
检测尺寸</td><td colspan="2">教师评分</td></tr>
<tr><td colspan="2">1</td><td>数控铣床开机操作(2 分)</td><td>□完成　□未完成</td><td>□真实　□不真实</td><td colspan="2">□合格　□−2 分</td></tr>
<tr><td colspan="2">2</td><td>数控铣床手动操作(2 分)</td><td>□完成　□未完成</td><td>□真实　□不真实</td><td colspan="2">□合格　□−2 分</td></tr>
<tr><td colspan="2">3</td><td>数控铣床刀具安装(2 分)</td><td>□完成　□未完成</td><td>□真实　□不真实</td><td colspan="2">□合格　□−2 分</td></tr>
<tr><td colspan="2">4</td><td>数控铣床工件装夹(2 分)</td><td>□完成　□未完成</td><td>□真实　□不真实</td><td colspan="2">□合格　□−2 分</td></tr>
<tr><td colspan="2">5</td><td>数控铣床对刀操作(2 分)</td><td>□完成　□未完成</td><td>□真实　□不真实</td><td colspan="2">□合格　□−2 分</td></tr>
<tr><td colspan="2">6</td><td>程序编制(4 分)</td><td>□完成　□未完成</td><td>□真实　□不真实</td><td colspan="2">□合格　□−2 分　□−4 分</td></tr>
<tr><td colspan="2">7</td><td>程序检验(4 分)</td><td>□完成　□未完成</td><td>□真实　□不真实</td><td colspan="2">□合格　□−2 分　□−4 分</td></tr>
<tr><td>8</td><td rowspan="8">实训产品质量检测</td><td>100±0.4(4 分)</td><td></td><td></td><td colspan="2">□合格　□−4 分</td></tr>
<tr><td>9</td><td>80±0.4(4 分)</td><td></td><td></td><td colspan="2">□合格　□−4 分</td></tr>
<tr><td>10</td><td>$\phi 18^{+0.02}_{0}$(4 分)</td><td></td><td></td><td colspan="2">□合格　□−4 分</td></tr>
<tr><td>11</td><td>$\phi 12$(4 分)</td><td></td><td></td><td colspan="2">□合格　□−4 分</td></tr>
<tr><td>12</td><td>$5^{0}_{-0.04}$(4 分)</td><td></td><td></td><td colspan="2">□合格　□−4 分</td></tr>
<tr><td>13</td><td>$14^{0}_{-0.04}$(4 分)</td><td></td><td></td><td colspan="2">□合格　□−4 分</td></tr>
<tr><td>14</td><td>20±0.4(4 分)</td><td></td><td></td><td colspan="2">□合格　□−4 分</td></tr>
<tr><td>15</td><td>表面质量(4 分)</td><td></td><td></td><td colspan="2">□合格　□−4 分</td></tr>
<tr><td colspan="2">实训技能得分</td><td colspan="2"></td><td>教师签名</td><td colspan="2"></td></tr>
</table>

项目 20

综合加工(三)

分析图 20.1、图 20.2 所示基座零件图，按表 20.1 的要求填写刀具卡片、按表 20.2 的要求填写工序卡片、按表 20.3 的要求填写量具清单、按表 20.4 的要求填写辅具清单，已知材料为铝合金，毛坯尺寸为 105 mm×105 mm×30 mm。

表 20.1　基座零件加工的刀具卡片

产品名称或代号		20-1	零件名称	镂空零件	零件图号	05
序号	刀具号	刀具名称及规格	数量	加工表面		备注
1						
2						
3						
4						
5						
6						
编制		审核	批准		共 1 页	第 1 页

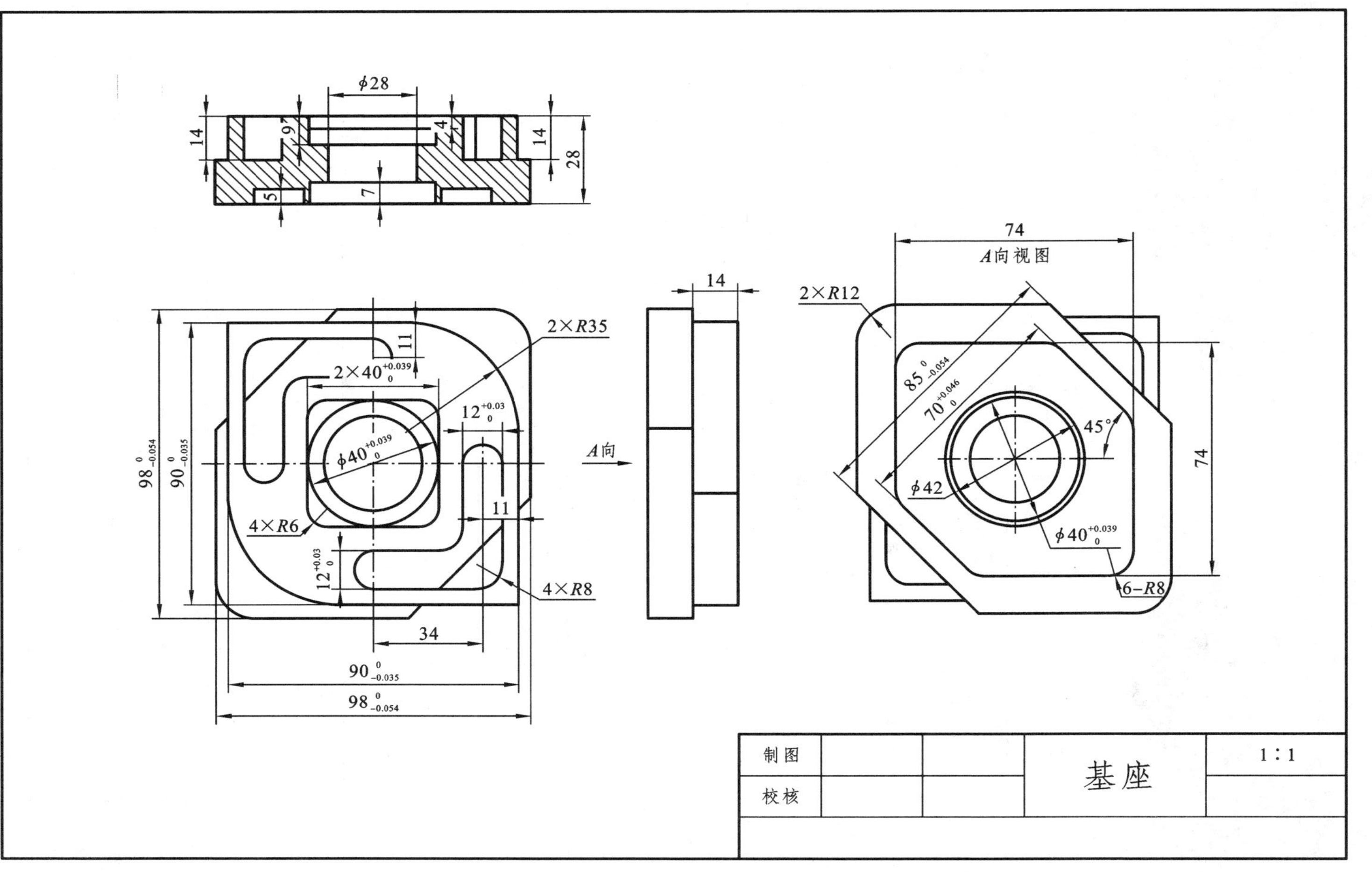
φ28
14
9
4
14
28
5
7
74
A向视图
14
2×R12
2×R35
11
2×40
12
φ40
A向
85
70
45°
74
φ42
φ40
98
90
11
4×R6
12
4×R8
6-R8
34
90
98
制图
校核
基座
1:1

图 20.1　基座零件图

图 20.2　基座零件实体图

表 20.2　基座零件加工的工序卡片

单位名称		产品名称或代号	零件名称	零件图号
工序号	程序编号	夹具名称	使用设备	车间
		平口虎钳		

工步号	工步内容	刀具号	刀具规格 R/mm	主轴转速 n/(r/min)	进给量 f/(mm/min)	背吃刀量 a_p/mm	备注
1							
2							
3							
4							
5							
6							
7							
8							
9							

续表

装夹示意图									
编制		审核		批准		日期		共 1 页	第 1 页

表 20.3 基座零件加工的量具清单

序号	量具(量仪)名称	规格	分度值或精密度	数量	制造厂家	出厂编号	量具性能与外观	备注
1								
2								
3								

表 20.4 基座零件加工的辅具清单

序号	辅具名称	辅具规格	单位	数量	辅具性能与外观	备注
1						
2						
3						
4						

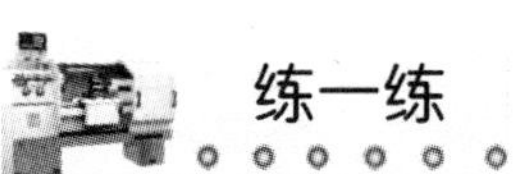

练一练

编制图 20.1 所示基座零件的程序清单,并填写在表 20.5 中,完成零件加工。

表 20.5 基座零件程序清单

程序段号	程 序	注 释

续表

程序段号	程　　序	注　　释

续表

程序段号	程　　序	注　　释

续表

程序段号	程　序	注　释

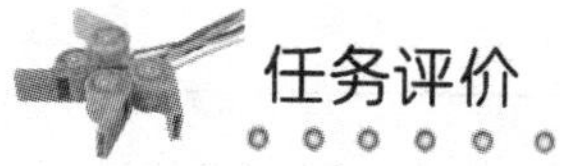

任务评价

实训素养评价表(共 50 分)

姓名		班级		实训时间	
序号	评价指标	自我评价	教师判定	教师评分	
1	迟到(3 分)	□是 □否	□真实 □不真实	□优秀 □−1 分 □−3 分	
2	早退(3 分)	□是 □否	□真实 □不真实	□优秀 □−1 分 □−3 分	
3	事假(3 分)	□是 □否	□真实 □不真实	□优秀 □−1 分	
4	病假(3 分)	□是 □否	□真实 □不真实	□优秀 □−1 分	
5	旷课(3 分)	□是 □否	□真实 □不真实	□优秀 □−3 分	
6	语言举止文明(3 分)	□是 □否	□真实 □不真实	□优秀 □−1 分 □−3 分	
7	玩手机等电子产品(3 分)	□是 □否	□真实 □不真实	□优秀 □−1 分 □−3 分	
8	服从管理(3 分)	□是 □否	□真实 □不真实	□优秀 □−1 分 □−3 分	
9	工作装规范(3 分)	□是 □否	□真实 □不真实	□优秀 □−1 分 □−3 分	
10	工、量具摆放整齐(3 分)	□是 □否	□真实 □不真实	□优秀 □−1 分 □−3 分	
11	设备保养(3 分)	□是 □否	□真实 □不真实	□优秀 □−1 分 □−3 分	
12	打扫卫生(3 分)	□是 □否	□真实 □不真实	□优秀 □−1 分 □−3 分	
13	请人代铣工件(3 分)	□是 □否	□真实 □不真实	□优秀 □−3 分	
14	帮人代铣工件(5 分)	□是 □否	□真实 □不真实	□优秀 □−5 分	
15	完成作业(6 分)	□是 □否	□真实 □不真实	□优秀 □−3 分 □−6 分	
实训素养得分			教师签名		

实训技能评价表(50分)

姓名		班级		实训时间	
序号	评价指标	自我评价或自测尺寸	教师判定或检测尺寸	教师评分	
1	数控铣床开机操作(2分)	□完成 □未完成	□真实 □不真实	□合格 □−2分	
2	数控铣床手动操作(2分)	□完成 □未完成	□真实 □不真实	□合格 □−2分	
3	数控铣床刀具安装(2分)	□完成 □未完成	□真实 □不真实	□合格 □−2分	
4	数控铣床工件装夹(2分)	□完成 □未完成	□真实 □不真实	□合格 □−2分	
5	数控铣床对刀操作(2分)	□完成 □未完成	□真实 □不真实	□合格 □−2分	
6	程序编制(4分)	□完成 □未完成	□真实 □不真实	□合格 □−2分 □−4分	
7	程序检验(4分)	□完成 □未完成	□真实 □不真实	□合格 □−2分 □−4分	
8	实训产品质量检测 $98_{-0.054}^{0}$(4分)			□合格 □−4分	
9	实训产品质量检测 $90_{-0.035}^{0}$(4分)			□合格 □−4分	
10	实训产品质量检测 $\phi40_{0}^{+0.039}$(4分)			□合格 □−4分	
11	实训产品质量检测 $12_{0}^{+0.03}$(4分)			□合格 □−4分	
12	实训产品质量检测 $40_{0}^{+0.039}$(4分)			□合格 □−4分	
13	实训产品质量检测 14(2分)			□合格 □−2分	
14	实训产品质量检测 7(2分)			□合格 □−2分	
15	实训产品质量检测 5(2分)			□合格 □−2分	
16	实训产品质量检测 $\phi28$(4分)			□合格 □−4分	
17	实训产品质量检测 表面质量(2分)			□合格 □−2分	
实训技能得分			教师签名		

项目 21

综合加工(四)

分析图 21.1、图 21.2 所示支撑件零件图，按表 21.1 的要求填写刀具卡片、按表 21.2 的要求填写工序卡片、按表 21.3 的要求填写量具清单、按表 21.4 的要求填写辅具清单，已知材料为铝合金，毛坯尺寸为 105 mm×105 mm×30 mm。

表 21.1　支撑件零件加工的刀具卡片

产品名称或代号		21-1		零件名称	镂空零件	零件图号	05
序号	刀具号	刀具名称及规格		数量	加工表面		备注
1							
2							
3							
4							
5							
6							
7							
8							
编制		审核		批准		共 1 页	第 1 页

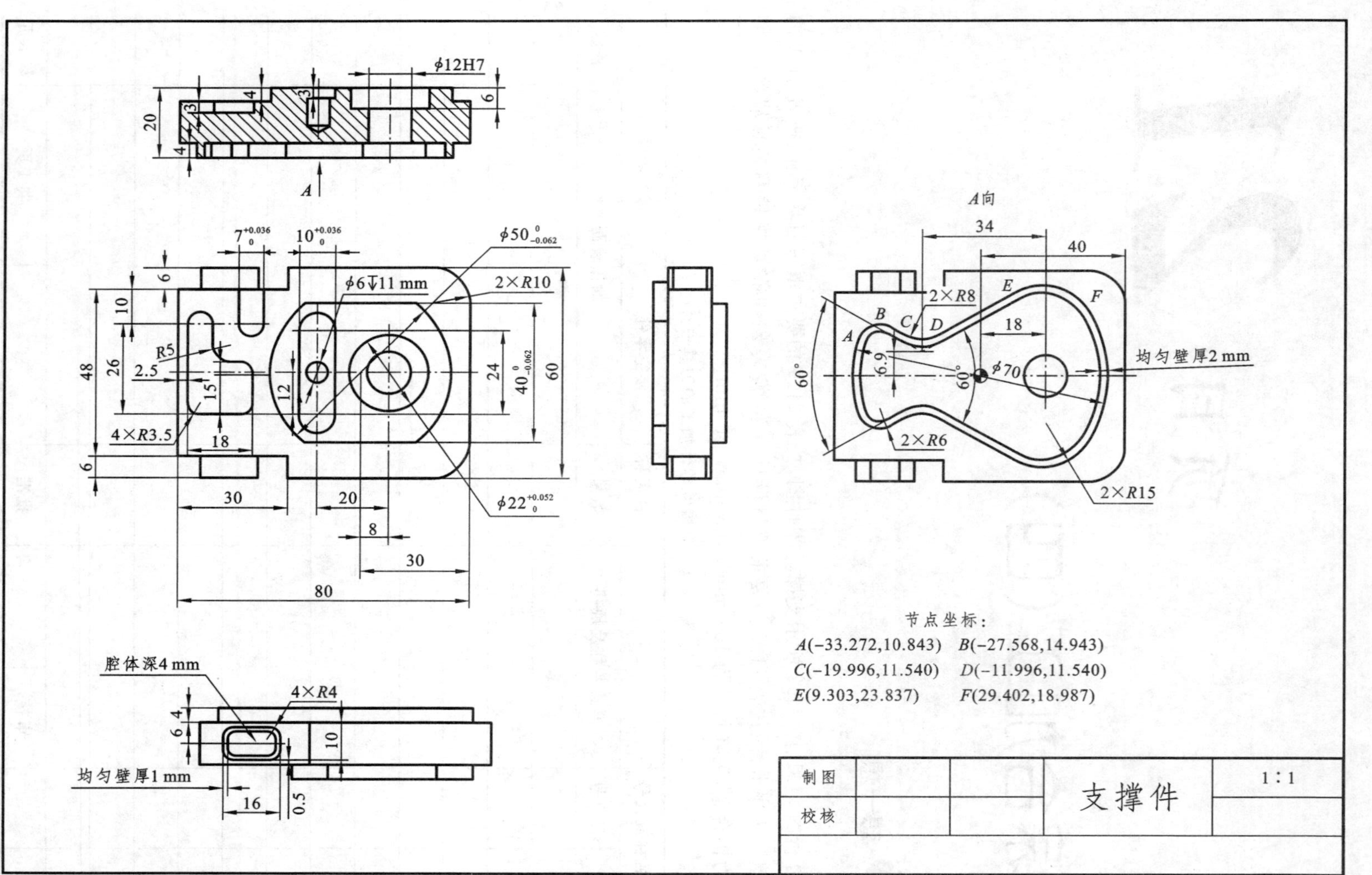
ϕ12H7
6
4
3
20
A
A向
34
40
2×R8
E
F
B
C
D
A
18
均匀壁厚2 mm
60°
6.9
ϕ70
2×R6
2×R15
7 $^{+0.036}_{0}$
10 $^{+0.036}_{0}$
ϕ50 $^{0}_{-0.062}$
ϕ6↧11 mm
2×R10
R5
2.5
48
26
15
12
24
40 $^{0}_{-0.062}$
60
4×R3.5
18
30
20
8
80
ϕ22 $^{+0.052}_{0}$
节点坐标：
A(−33.272,10.843) B(−27.568,14.943)
C(−19.996,11.540) D(−11.996,11.540)
E(9.303,23.837) F(29.402,18.987)
腔体深4 mm
4×R4
10
均匀壁厚1 mm
16
0.5
制图
校核
支撑件
1:1

图 21.1 支撑件零件图

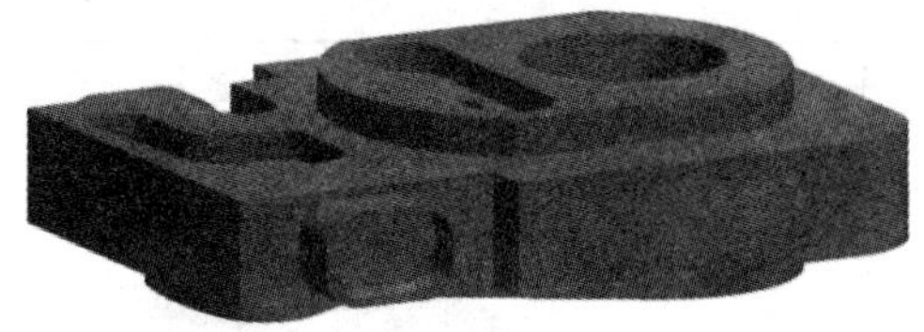
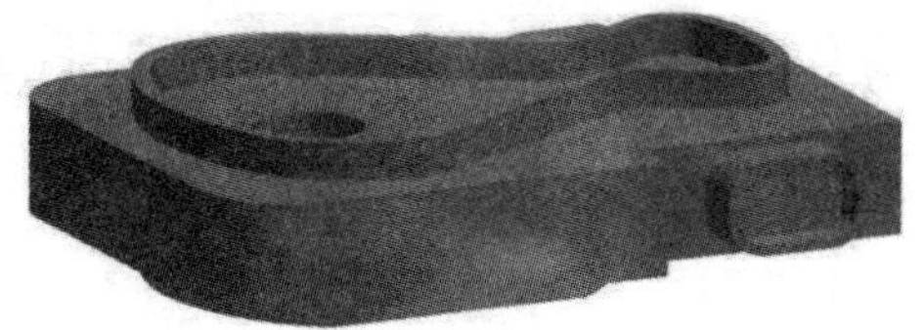

图 21.2　支撑件实体图

表 21.2　支撑件零件加工的工序卡片

<table>
<tr><td colspan="2" rowspan="2">单位名称</td><td rowspan="2"></td><td colspan="2">产品名称或代号</td><td colspan="2">零件名称</td><td colspan="2">零件图号</td></tr>
<tr><td colspan="2"></td><td colspan="2"></td><td colspan="2"></td></tr>
<tr><td colspan="2">工序号</td><td>程序编号</td><td colspan="2">夹具名称</td><td colspan="2">使用设备</td><td colspan="2">车间</td></tr>
<tr><td colspan="2"></td><td></td><td colspan="2">平口虎钳</td><td colspan="2"></td><td colspan="2"></td></tr>
<tr><td>工步号</td><td colspan="2">工步内容</td><td>刀具号</td><td>刀具规格
R/mm</td><td>主轴转速
n/(r/min)</td><td>进给量
f/(mm/min)</td><td>背吃刀量
a_p/mm</td><td>备注</td></tr>
<tr><td>1</td><td colspan="2"></td><td></td><td></td><td></td><td></td><td></td><td></td></tr>
<tr><td>2</td><td colspan="2"></td><td></td><td></td><td></td><td></td><td></td><td></td></tr>
<tr><td>3</td><td colspan="2"></td><td></td><td></td><td></td><td></td><td></td><td></td></tr>
<tr><td>4</td><td colspan="2"></td><td></td><td></td><td></td><td></td><td></td><td></td></tr>
<tr><td>5</td><td colspan="2"></td><td></td><td></td><td></td><td></td><td></td><td></td></tr>
<tr><td>6</td><td colspan="2"></td><td></td><td></td><td></td><td></td><td></td><td></td></tr>
<tr><td>7</td><td colspan="2"></td><td></td><td></td><td></td><td></td><td></td><td></td></tr>
<tr><td>8</td><td colspan="2"></td><td></td><td></td><td></td><td></td><td></td><td></td></tr>
<tr><td>9</td><td colspan="2"></td><td></td><td></td><td></td><td></td><td></td><td></td></tr>
<tr><td>10</td><td colspan="2"></td><td></td><td></td><td></td><td></td><td></td><td></td></tr>
<tr><td>11</td><td colspan="2"></td><td></td><td></td><td></td><td></td><td></td><td></td></tr>
<tr><td>12</td><td colspan="2"></td><td></td><td></td><td></td><td></td><td></td><td></td></tr>
<tr><td rowspan="2">装夹示意图</td><td colspan="5"></td><td colspan="3"></td></tr>
<tr><td colspan="5"></td><td colspan="3"></td></tr>
</table>

续表

工步号	工步内容	刀具号	刀具规格 R/mm	主轴转速 n/(r/min)	进给量 f/(mm/min)	背吃刀量 a_p/mm	备注
装夹示意图							

编制		审核		批准		日期		共1页	第1页

表 21.3　支撑件零件加工的量具清单

序号	量具(量仪)名称	规格	分度值或精密度	数量	制造厂家	出厂编号	量具性能与外观	备注
1								
2								
3								

表 21.4　支撑件零件加工的辅具清单

序号	辅具名称	辅具规格	单位	数量	辅具性能与外观	备注
1						
2						
3						
4						

编制图 21.1 所示支撑件零件的程序，并将程序清单填写在表 21.5 中，完成零件加工。

表 21.5　支撑件零件程序清单

程序段号	程　　序	注　　释

续表

程序段号	程　序	注　释

续表

程序段号	程　　序	注　　释

任务评价

实训素养评价表(共50分)

姓名		班级		实训时间	
序号	评价指标	自我评价	教师判定	教师评分	
1	迟到(3分)	□是 □否	□真实 □不真实	□优秀 □−1分 □−3分	
2	早退(3分)	□是 □否	□真实 □不真实	□优秀 □−1分 □−3分	
3	事假(3分)	□是 □否	□真实 □不真实	□优秀 □−1分	
4	病假(3分)	□是 □否	□真实 □不真实	□优秀 □−1分	
5	旷课(3分)	□是 □否	□真实 □不真实	□优秀 □−3分	
6	语言举止文明(3分)	□是 □否	□真实 □不真实	□优秀 □−1分 □−3分	
7	玩手机等电子产品(3分)	□是 □否	□真实 □不真实	□优秀 □−1分 □−3分	
8	服从管理(3分)	□是 □否	□真实 □不真实	□优秀 □−1分 □−3分	
9	工作装规范(3分)	□是 □否	□真实 □不真实	□优秀 □−1分 □−3分	
10	工、量具摆放整齐(3分)	□是 □否	□真实 □不真实	□优秀 □−1分 □−3分	
11	设备保养(3分)	□是 □否	□真实 □不真实	□优秀 □−1分 □−3分	
12	打扫卫生(3分)	□是 □否	□真实 □不真实	□优秀 □−1分 □−3分	
13	请人代铣工件(3分)	□是 □否	□真实 □不真实	□优秀 □−3分	
14	帮人代铣工件(5分)	□是 □否	□真实 □不真实	□优秀 □−5分	
15	完成作业(6分)	□是 □否	□真实 □不真实	□优秀 □−3分 □−6分	
实训素养得分			教师签名		

实训技能评价表(50 分)

<table>
<tr><td colspan="2">姓名</td><td></td><td>班级</td><td></td><td>实训时间</td><td></td></tr>
<tr><td>序号</td><td colspan="2">评价指标</td><td>自我评价或
自测尺寸</td><td>教师判定或
检测尺寸</td><td colspan="2">教师评分</td></tr>
<tr><td>1</td><td colspan="2">数控铣床开机操作(2 分)</td><td>□完成　□未完成</td><td>□真实　□不真实</td><td colspan="2">□合格　□−2 分</td></tr>
<tr><td>2</td><td colspan="2">数控铣床手动操作(2 分)</td><td>□完成　□未完成</td><td>□真实　□不真实</td><td colspan="2">□合格　□−2 分</td></tr>
<tr><td>3</td><td colspan="2">数控铣床刀具安装(2 分)</td><td>□完成　□未完成</td><td>□真实　□不真实</td><td colspan="2">□合格　□−2 分</td></tr>
<tr><td>4</td><td colspan="2">数控铣床工件装夹(2 分)</td><td>□完成　□未完成</td><td>□真实　□不真实</td><td colspan="2">□合格　□−2 分</td></tr>
<tr><td>5</td><td colspan="2">数控铣床对刀操作(2 分)</td><td>□完成　□未完成</td><td>□真实　□不真实</td><td colspan="2">□合格　□−2 分</td></tr>
<tr><td>6</td><td colspan="2">程序编制(4 分)</td><td>□完成　□未完成</td><td>□真实　□不真实</td><td colspan="2">□合格　□−2 分　□−4 分</td></tr>
<tr><td>7</td><td colspan="2">程序检验(4 分)</td><td>□完成　□未完成</td><td>□真实　□不真实</td><td colspan="2">□合格　□−2 分　□−4 分</td></tr>
<tr><td>8</td><td rowspan="10">实训产品质量检测</td><td>$7^{+0.036}_{0}$(4 分)</td><td></td><td></td><td colspan="2">□合格　□−4 分</td></tr>
<tr><td>9</td><td>$10^{+0.036}_{0}$(4 分)</td><td></td><td></td><td colspan="2">□合格　□−4 分</td></tr>
<tr><td>10</td><td>$\phi22^{+0.052}_{0}$(4 分)</td><td></td><td></td><td colspan="2">□合格　□−4 分</td></tr>
<tr><td>11</td><td>$\phi50^{0}_{-0.062}$(4 分)</td><td></td><td></td><td colspan="2">□合格　□−4 分</td></tr>
<tr><td>12</td><td>$40^{0}_{-0.062}$(4 分)</td><td></td><td></td><td colspan="2">□合格　□−4 分</td></tr>
<tr><td>13</td><td>$\phi6$(2 分)</td><td></td><td></td><td colspan="2">□合格　□−2 分</td></tr>
<tr><td>14</td><td>均匀壁厚 1 mm(2 分)</td><td></td><td></td><td colspan="2">□合格　□−2 分</td></tr>
<tr><td>15</td><td>腔深 4 mm(2 分)</td><td></td><td></td><td colspan="2">□合格　□−2 分</td></tr>
<tr><td>16</td><td>$\phi12H7$(4 分)</td><td></td><td></td><td colspan="2">□合格　□−4 分</td></tr>
<tr><td>17</td><td>表面质量(2 分)</td><td></td><td></td><td colspan="2">□合格　□−2 分</td></tr>
<tr><td colspan="2">实训技能得分</td><td colspan="2"></td><td>教师签名</td><td colspan="2"></td></tr>
</table>

参 考 文 献

[1] 华中数控股份有限公司. 世纪星铣削数控装置编程说明书.
[2] 禹诚,邵长文,田坤英. 数控铣削项目教程[M]. 2 版. 武汉:华中科技大学出版社,2015.